存储变革

程一鸣　胡立辉　孙军涛　著

西北工业大学出版社
西　安

图书在版编目（CIP）数据

存储变革/程一鸣，胡立辉，孙军涛著. —西安：
西北工业大学出版社，2021.11
ISBN 978-7-5612-8047-8

Ⅰ.①存… Ⅱ.①程… ②胡… ③孙… Ⅲ.①信息存
贮 Ⅳ.①TP333

中国版本图书馆CIP数据核字（2021）第221588号

CUNCHU BIANGE

存 储 变 革

责任编辑：朱辰浩 **策划编辑**：杨 军
责任校对：孙 倩 **装帧设计**：李 飞
出版发行：西北工业大学出版社
通信地址：西安市友谊西路 127 号 邮编：710072
电 话：(029) 88491757，88493844
网 址：www.nwpup.com
印 刷 者：西安浩轩印务有限公司
开 本：880 mm×1 230 mm 1/32
印 张：9
字 数：185 千字
版 次：2021 年 11 月第 1 版 2021 年 11 月第 1 次印刷
定 价：99.00 元

推荐序一

喜闻《存储变革》书稿初成，便疾目通览全书，尤感欢欣振奋。本书的问世，为新技术革命、大数据存储又增添了一部宝贵的典籍。余虽主业水平受限，但阅览能通意，本书的章节内容在此不予妄评，留于广大读者提出宝贵的意见或建议。仅从本书的影响、意义和价值浅谈些自己的认知。

随着“冷战”结束，世界格局进入重大调整时期。一方面，世界要和平，国家要发展，社会要进步，经济要繁荣，生活水平要提高，已经成为各国人民的普遍要求。另一方面，南北差距仍在不断扩大，矛盾也随之更加突出，时至今日，金融垄断、技术壁垒、隐形掠夺、变相欺凌等依然存在，世界和平与发展面临着新的挑战。

经济全球化趋势从根本上有助于推动当今世界和平与发展两

大主题的形成。现代高科技的发展，特别是信息技术的发展，以及生产力的提高，为经济全球化奠定了物质技术基础。越来越多的国家发展市场经济，企业经营国际化，国际贸易自由化，已成为经济全球化的直接动因。

我国正面临百年未有之大变局，国际贸易保护主义有所抬头，世界科技创新竞争日趋激烈，全球疫情对经济的影响逐渐显现。我国作为发展中国家来说，经济全球化既是机遇，也是挑战，既要趋利避害，又要促进自身发展，以彰显大国担当。

随着数字经济浪潮的兴起，人工智能、大数据应用、区块链技术，以及存储安全已越来越多地覆盖到经济、科技、国家安全、社会管理及人民生活的方方面面。《存储变革》是一部全方位了解当今区块链技术及存储安全前沿科技的普及读本，也是一部深层次领悟存储要义的生动教材。作者从事科技创新领域10年有余，长期深耕前沿科技研究领域，致力于研究分布式存储，经过不断的工作实践，对市场的认知总是领先一步。本书以对事物独具特色的思维，从点到线、从线到面清晰构思；由浅入深、由表及里深刻揭示。站位高远、落地实在；旁征博引、纵横自如。系统、精辟地阐述了互联网、人工智能、大数据应用、区块链技术和存储安全等方面带来的技术优势和面对的危机与挑战，书名如雷贯耳，观点中性新颖，文笔如沐春风，通篇点拨顿悟，读后醍醐灌顶，细研通透敞亮。本书是一部深思熟虑、精雕细琢、身体力行、通俗易懂之作，希望能够给广大读者和从业者提供正确的指引。

深圳信息服务业区块链协会会长　郑定向

2021年9月20日

推荐序二

大数据、区块链、人工智能、分布式存储这些热门名词一经出现，就带给人们新视觉、强冲击。从刚开始的未知，到现在有一些了解，再到未来被广泛应用。读完《存储变革》，让人全面系统化地学习掌握了中心化存储和分布式存储的优、劣势，同时能够清晰准确地判断科技创新领域哪里是“战区”，哪里有“和平”。

作者详细解析分布式存储不可替代的优势，并客观指出当下中心化存储面临的重重危机。《存储变革》对数字经济时代的特点进行分析，对其前景进行展望，同时又带我们全面认识了一个“存储的新世界”。分布式存储随着科技的发展带给人们惊鸿一瞥，让众多的追随者坚定不移，相信将来会给予更多人柳暗花明。感谢作者将自己的认知展现，带领大家走出迷茫。

大数据、区块链、云计算等这些时代的“高科技”给人们带来了多元化的享受，特别是大数据的存储运用已成为重要的参考标准。在分布式存储这个领域中，无论是蜂涌而上带来的满地泡沫，还是坚定笃行实现的技术落地，都在一次次地刷新着人们的认知，给科技创新带来了一丝清风，为数据存储蹚出了一条新路。因此这本书更具有市场价值，如果你也想了解这个领域，想把握这个行业，相信《存储变革》会为你带来不一样的意外收获。

“幸福资本”创始人　张灿阳

2021年9月15日

推荐序三

捧着还带有温度的《存储变革》，内心无比激动，在书店久久找寻存储类的书籍，总是欢心而去，失望而归。而今天当我研读完《存储变革》之后，填补了自身的知识盲点，刷新了曾经的认知。

众所周知，分布式存储对应中心化存储。时代总是在不经意间淘汰一批又一批的弄潮儿，不管是风靡一时还是经久不衰，都有可能被历史的车轮碾压，让你没有一丝喘息的机会，来的时候悄无声息，走的时候惨不忍睹。在《存储变革》中你能看到每个领域不同的“画像”，分布式存储代表着新生力量，也寓意着未来方向。而事物总是具有两面性，犹如一把双刃剑，分布式存储发展的过程也并非一帆风顺。

技术变革是本质，经济价值是衍生，而科技创新是先进生产和先进文化的内在要求，是社会前进的必然产物。5G、大数据、云计算、物联网和人工智能等新兴科技顺应时代发展已悄然融入人们的生活，有价值数据的中心化存储已不堪重负，《存储变革》让我们深刻认识到分布式存储是一种趋势，是一种必然。

本书观点中肯，剖析深入，逻辑清晰，集科技性、理论性、专业性、操作性于一身，读后感触很深、收获颇丰，是一部独有的前沿存储类新书，值得一读。

微信公众号“数字财经频道”主编　郭振宏

2021年9月7日

前　　言

什么是存储变革？这是一个全新的提法，这是一个世界性的命题。之所以把存储上升到变革的高度，是因为未来的世界已被重新定义为数据天下。未来最高级、最前沿、最核心的变革也将聚焦数据之变，而数据变革的关键首战非存储莫属。存储才是当下的新战场，数字世界的新未来。

要想真正解读存储变革的内涵与边界，首先，从变革说起。过去以军事变革为主，武力至上、殖民掠夺、侵略扩张、谋财戮民、胜者为王，经历了四个阶段——冷兵器时代、热兵器时代、机械化时代、核及信息化战争时代。现在则以经济变革为主，利益先行、货币霸权、能源垄断、科技卡脖、贸易保护，涉及货币、能源、科技和贸易等领域。未来一定会以大数据战争为主，比拼的是人工智能带头先行、6G互联率先落地、数字经济超前构建，分布存储将一战成名。

过去的生存法则是军事为王，现在开始失效，新的法则是科技为王；过去的生存法则是经济为王，现在面临转变，新的法则是人工智能为王；过去的生存法则是流量为王，现在开始跨越，新的法则是大数据、云计算、区块链为王；过去的生存法则是超文本传输协议（Hyper Text Transfer Protocol，HTTP）为王，现在开始变革，新的法则是星际文件系统（Inter-Planetary File System，IPFS）为王。

存储到底有多重要？粮食存储有粮仓，武器存储有军火库，银行存储有金库，水资源存储有水库，石油存储有油库……这些统统都是要地，不仅重兵利器，还得严防死守。未来是数字世界，数据存储的安全高效就显得尤为重要，其技术之新、标准之高、要求之严、影响之大相较于传统实物存储有过之而无不及，一言以蔽之：存储改变生活、左右经济、身系发展、相联生死、关乎国运、决定成败。

互联网的出现就是一部数据信息和科技竞争的发展史，它的核心密码是谁打造大平台、谁主宰信息库、谁拥有数据权；互联网纵深发展的核心密码是谁抢占了数据存储战场的制空权，谁就夺取了信息安全的制高点，谁就可以赢得存储变革的制胜盘。存储起源于互联网，也服务于互联网；存储起因于大数据，也作用于大数据；存储聚焦信息安全，也引领信息安全。说到底，它就是互联网的新革命、大国角逐的新阵地、未来世界的新潮流。

重新定义互联网，就传统和非传统两种。传统互联网的代表是手机软件、大电商、海流量、短视频、云中心，它经历了四个发展阶段：1.0 PC互联网、2.0移动互联网、3.0产业互联网和4.0价值互联网。非传统互联网的代表是新人工智能、大数据、超智能、区块链，它覆盖了四个主战场，分别是智能新科技、普惠新金融、数据新存储、6G新基建。

互联网的第一张门票是平台化电商；互联网的第一个招牌是超级化流量；互联网的第一种体验是中心化高效。现在区块链的出现是对传统互联网的改造，首页是非平台式比特，中间是哈希式节点，底层是分布式存储，形成了万物互联、共建一村、信任公平、彰显价值的数字世界。

人工智能需要区块链的支撑，区块链需要分布式存储的应用。要想赢得未来，就必须先赢得存储变革的胜利，分布式存储就像走向未来世界的阶梯，而且是最基础的阶梯，无法绕开，唯有搭建。这是数字经济的第一道关口，更是国家核心利益的最大保障，兵家必争，未来可期。把大数据建立起来，让存储更安全、更高效。分布式存储就像一把利剑，催生的是一个全新的数字世界和智能时代。

互联网要改造传统企业，人工智能、区块链要替代传统互联网，沸沸扬扬的区块链技术应用终于落地。一马当先的应用是存储之王IPFS，杀手级应用IPFS引领存储竞争新赛道。

存储变革的序幕已经拉开，唯有以只争朝夕的心态拥抱区块链，积极备战，方可迎接人工智能新时代；唯有以开天辟地的勇气投身数字世界，断腕赋新，方可占领大数据的新高地；唯有以改朝换代的魄力打破传统互联，推倒重构，方可领跑数据存储新基建。

新技术来了，世界要变了，如何面对？怎样接纳？

从学习角度出发，务必从头到脚研究；

从投资角度出发，务必从旧到新布局；

从技术角度出发，务必从里到外尝试；

从哲学角度出发，务必从始到终参与；

从产业角度出发，务必从小到大累积；

从发展角度出发，务必从低到高提升；

从贡献角度出发，务必从前到后在线；

从价值角度出发，务必从点到面实践；

从人类角度出发，务必从有到用落地。

这也许就是忐忑推出《存储变革》的初衷吧！

本书起笔于2018年，历时3年，是笔者多年从事前沿科技领域以来的实战经验的积累，更是对存储领域不断进取的呈现。本书从基础概念出发，将存储理念贯穿全书；本书采用由浅入深的写法，对存储领域进行全面阐述，给从业者提供参考；本书实战性强，是一本存储方面的必备读物。

最后，笔者谨代表胡立辉、孙军涛由衷地感谢郑定向、张灿阳、郭振宏三位老师为本书作推荐序，感谢每一位付出者，正是有了这些付出，才使本书能够与大家见面，再次深表感谢！

程一鸣

2021年9月27日

CONTENTS

第一篇 未来世界是什么样的

第一篇

未来世界是什么样的

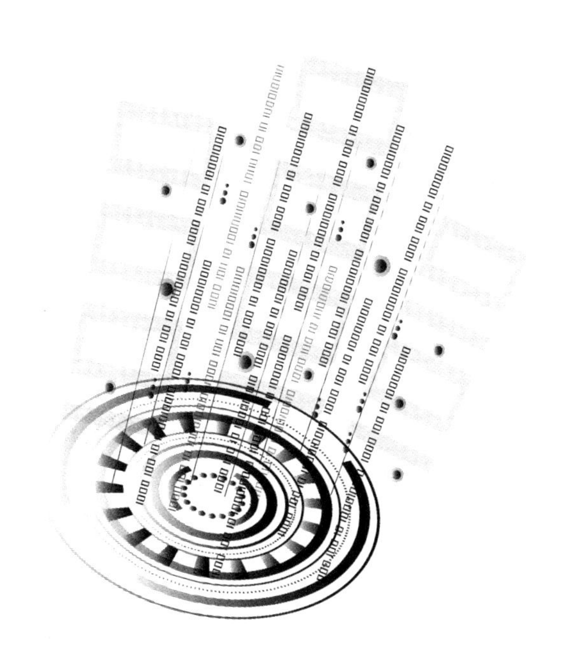

未来世界是什么样的？一切将是智能化的，万物互联、自动化智能系统与人类在社会中共同存在，将是未来人类社会的图景。以互联网、物联网、云计算、大数据、人工智能和区块链为代表的现代信息科学技术，会将人类带向一个新世界。人类将迎来一个数字化的崭新时代。人们的生活方式、生产方式、组织方式和思维方式都将发生深刻的变革。一切都在数据的掌握之中，无论生活还是工作，都将与数据息息相关。

纵观人类历史的演变，科学技术发展对历史推进有着举足轻重的作用。追溯刀耕火种的农耕时代，生产方式落后，创新能力不足，投入资源有限，技术手段单一，产业配置低端，人类经历了一个漫长的工具进化时代。

自工业文明兴起之后，科学技术蓬勃发展，创新活力不断迸发，人类历史进程的演化发生了量到质的巨变。从以机械为主的第一次工业革命开始，人类便进入了新的工业时代；随着以电气为主的第二次工业革命的到来，催生了产业的迭代升级；再到以信息为主的第三次工业革命，全球加速迈向了互联网的新时代。每次工业革命都带给人类新的发展机遇，同时在螺旋式上升中引出和建立了更多的新型技术产业，进而不断满足人类生产生活的根本需求，以适应世界更快更好的加速发展。

以史为鉴，可以知兴衰。每次工业革命的黄金期约50年，前20年技术开发完善，后30年迎来蓬勃的产业爆发、落地应用。20世纪80年代互联网进入大众的视野，以高速便捷的特点给人类带来方方面面深层次的改变，也极大地拓展了人们看待世界的视野和角度，科技发展日新月异，人们生产生活欣欣向荣。时至今日，互联网发展伴随着新科技的迭代，传统互联网已经难以满足人类更多需求，随着新技术的应用层出不穷，新的互联网时代即刻到来。

5G、大数据、物联网和人工智能等新兴科技顺应时代发展，逐渐进入大众的视野，悄然走进人们的生活，开始广泛应用在各个行业，其发展的路径清晰可见，其科技的触角无处不在。

从分散式交易到集中交易，再到线上交易，从以物换物到通用货币，再到数字资产（Digital Currency Electronic Payment，DCEP），随着变革的纵深推进，数字经济在新时代的发展中前途不可限量，必将带给人们未来更多的想象空间。

未来世界变化多端，存在着无限可能，我们可以去大胆畅想更多新科技应用在人类生活的场景。以大数据应用为基础，协同人工智能共同发展，人工智能将替代我们办公，进而也将改变我们的生活，智能化变革应用也随之落地。让人们身临其境，感受万里之外的美好景色，智能化汽车驰骋大地，私人智能化健康管家时刻监管健康状况，家用设备全面电子化，机器人包揽所有家务，网页搜索不再有延迟拥堵，一键操控信息即时传达，更多新型产业不断普及大众，这些应用场景已经出现，其推广之快、渗透之深，可谓前所未有、令人惊叹！

大数据的边界超乎想象，云计算的精准颠覆认知，物联网的发展异常迅猛，区块链的应用此起彼伏，万物互联的数字世界精彩纷呈，互联网将从上半场信息互联网迈向下半场价值互联网，只要发展的脚步在继续，因数据信息而产生的变革浪潮将很快席卷地球的每个角落。

未来世界是什么样的？这是由新兴科技的发展所决定的，是由每次技术变革所促进的，但不可否认的是，它一定是在更新变革下产生的，更具科技魅力、更能提升人类生活质量的高级产物。

拥抱新时代变革，抓住新技术发展，时不我待，撸起袖子加油干，一定会收获理想的硕果！

第一章　大数据决定大未来

未来发展一马当先的技术必将是大数据技术，大数据蕴含着“取之不尽，用之不竭”的创新活力。大数据的发展对于世界的影响无穷无尽，数据时代悄然来临，带来了信息技术的巨大变革，并深刻影响着社会生产和人们生活的方方面面。在全球范围内，各国政府均高度重视大数据的研究和产业发展，纷纷把大数据上升为国家战略加以重点推进，引导各大高校和科研机构纷纷加大技术、资金和人员投入，尤其是对大数据关键技术的研发和应用，以期在第三次信息化浪潮中占得先机、引领市场。

大数据已经不再是“镜中花”“水中月”，它的影响力和作用力正迅速波及社会的每个角落，所到之处或是颠覆或是飞跃，让人们实实在在感受到大数据的威力。大数据具有繁多的数据类型，拥有更多的网页、图片、视频等半结构化和非结构化数据信息。

大数据开启了一次重大的时代转型，就像望远镜让我们能感受宇宙，显微镜让我们能观测微生物一样，大数据正在改变我们的生活及理解世界的方式，也在改变市场、组织机构、政府与公民的关系。

海量的数据规模是大数据发展的重要基础，随着时间推进，数据量级不断加大，已从TB级发展至PB级乃至ZB级。面对高速的数据流转，大数据对其时效性要求很高，这是大部分数据挖掘最显著的特征，可通过最新的数字资料分析产生新的价值。

价值密度低也是大数据的特点之一，数据价值密度高低与数据总量大小不成正比，数据价值密度越低，数据总量越大，以监控视频为例，在连续不间断的监控过程中，有用的数据可能仅仅只有一两秒。

就像一千个人心中有一千个哈姆雷特一样，不同的人站在不同的角度就会有不同的见解。世界知名的咨询公司麦肯锡首次提出“大数据”这个概念，并将其定义为“一种规模大到在获取、存储、管理、分析方面大大超出了传统数据库软件工具能力范围的数据集合。”

研究机构Gartner对“大数据”的定义为“大数据是一种巨大的、高增长和多样化的信息资产，需要新的处理模型，具有更大的决策力、洞察力和过程优化能力。”

就这两种观点结合来讲，大数据的关键就是要在新型处理模式下将更加海量、多样的数据在原基础上更加优化地进行便捷处理的同时，进而在速度和质量的基础上获得优质的数字信息资产。

立足大数据，创新谋发展

当前世界已经全面进入信息时代，数据的深度分析和利用将对推动经济持续增长、提升企业竞争力起到重要作用，大数据工作正确诠释了对数据的分析和利用，能更合理地解决问题。

做好大数据工作主要是要做好三件事：理解用户、理解信息、理解关系。大数据信息量大，从中可以获取有价值的内容或想要的数据，并对大数据进行分析处理，为国家科学决策提供客观准确的依据，为企业从数据中发现问题提供前瞻性的改进方向。基于大数据应用下的数据分析，可以精准得出结论，并提出解决方案，以少走弯路，谋求正确发展道路，决定未来世界发展的高度。

国与国之间的竞争究其根本，是科技的竞争、人才的竞争，兴国之路不可或缺的是科技发展、人才培养，大数据的发展影响着国家科技的进程，同时，对信息管理专家的重视，是大数据发展的重要环节。

大数据的发展，增加了对相关高科技人才的需求，有需求就会有市场，有市场就会有发展。面对市场需求大的情况，相关机构应制定相应战略规划，具体落实在大数据的发展原则、目标及技术等方面，同时激发新理念，借助新技术以全新的方式对大数据进行挖掘应用，以推进科技、经济、社会发展，进而探索大数据潜在的发展前景与效益，以支持相关领域内的融合创新与思想碰撞。

大数据的5V特点及战略价值

大数据的5V特点为Volume（大量）、Velocity（高速）、Variety（多样）、Value（价值密度）、Veracity（真实）。

小贴士

大数据是以容量大、类型多、存取速度快、应用价值高为主要特征的数据集合。该项技术可对海量数据进行分布式挖掘，对数据进行关联分析，从中发现新价值，应用于不同领域，服务于人们的工作和生活。

大数据＝待挖掘的宝藏

在时下商界中，“大数据”一词无疑是最引人关注的，它能带给各行业不同程度的价值及收益，数据成为新战略的制高点，是企业间竞争的新焦点。大数据加持下各种应用迅速发展，将大数据的价值利用得淋漓尽致，关乎企业和社会层面的应用自然成为重要的战略基础。

通俗来说，可以将大数据比作矿场，其量的多少并不是最重要的，重要的是其数据所蕴含的潜在价值。就好比相同大小的矿场，一个里面是煤块，一个里面是黄金，聪明人都知道怎么选择。去除成本，利用这些数据价值去赢得竞争是许多行业发展的关键所在，数据就是财富，大数据将奏出“第三次技术浪潮的华彩乐章”。

大数据最核心的优势，就是对海量数据的存储及分析，相比于其他技术，大数据将“廉价、高速、优质、统筹”综合起来，优势更加突出。

大数据加速企业发展

截至2021年1月，全球手机用户数量为52.2亿，互联网用户数量为46.6亿，而社交媒体用户数量为42亿，中国网民的数量在世界位居前列，金融服务、制造、医疗保健以及媒体娱乐等行业是数据增长的主要推动力，数据成为一切行业当中决定胜负的根本因素，最终数据必将成为人类至关重要的资源。

随着信息技术不断交融于人类的生产生活，各类数据的增长突飞猛进，在经济发展中对人们生活产生了重大而深刻的影响。

我国“十四五”规划和2035年远景目标纲要明确提出：“加强涉及国家利益、商业秘密、个人隐私的数据保护，加快推进数据安全、个人信息保护等领域基础性立法，强化数据资源全生命周期安全保护。”相关针对数据安全的监管行动也不断加强。

大数据运用给企业间带来了激烈竞争，使全球很多企业失去了发展优势，在未来的市场竞争中，三分技术、七分数据，得数据者得天下，只有最快从海量数据中获得最具价值信息的企业，才能优先获得快速发展的先机。

无论是国企还是民企，都无法离开大数据的支撑，都无法回避大数据的冲击。尤其是互联网、银行、保险、电信和电商等行业，将更加注重在业务决策中以数据分析结果为依据进行决策。

以IT预算和人力资源充沛的银行为例，目前主要是大型银行在进行数据分析，中小银行还在观望与学习，人员与能力建设还处于起步阶段，数据分析的应用范围主要集中在信用风险、流程优化、市场营销、成本及预算等几方面，虽然有了一定深度的学习，但还未延伸到运营管理及其他领域。

传统行业和未来行业的唯一区别是有没有运用新理念、新技术来改变自己，未来10年最确定的发展一定是利用数字技术提升传统行业自身的进步和发展，当前大家都在讲数字化，都认为自己在做数字化，但其实这不是真正的数字化，而是IT和信息化。过去制造业的技术投入集中于设备投入，现在逐步转变为数字化流程的改造、数字技术和人才的投入。中国拥有全世界最大的服装生产流水线，未来服装厂能接10 000件衣服的订单，这不是能力，能接1件衣服的订单才是真正的能力。

大数据已经渗透进每个行业的边边角角，并日益提升其在生产领域的比例，而人们对于海量数据的运用，预示着生产效率将迎来加速增长期，消费者盈余浪潮也将加速到来。

就像从前的计算机和互联网一样，大数据的快速发展将可能掀起新一轮的技术革命，可能会在数据世界里创造更多新型算法并改变基础理论，以实现科学技术上的重大突破。

如果将国家安全比喻为一辆车，那么信息安全就是这辆车的引擎。相较于通过军事战争来维护的国家领土安全来说，互联网的大数据处理应用与信息安全显得更为重要。随着互联网的发展，计算机及金融行业对大数据也产生了极大的关注。数据就是资产，数据的采集、存储、分析、应用及安全成为数据产业链的核心。实际上，全球互联网的价值提升，其中包括EMC、惠普、IBM、微软在内的全球IT 巨头，纷纷通过收购大数据相关厂商来实现技术升级、产业整合。

5G已落地应用，但不能把5G仅等同于一个通信技术，通信技术只是5G最初始的一个应用，比例不会超过5%，就像电力刚发明的时候，人们认为用上电灯就是电力，但是电灯只是电力最早的一个应用，电力给人类带来的想象力空间远远不止于电灯。

真正的5G时代是万物互联的时代，是一切业务数据化、一切数据业务化的时代，是供应链、制造业和服务业的全面数字化，是人类全面进入物联网的时代。过去看一家企业的规模，主要是看它的产量，而今后要看它的数据有效使用量，看它动用了多少万物互联网的数据，看数据在多大程度上驱动了生产、驱动了管理、驱动了市场。

华尔街日报在一份题为《大数据，大影响》的报告中提出，数据已经成为一种新的资产类别，就像货币与黄金一样，由此可见，大数据所显露的价值无比巨大。

大数据提升数据搜集效率

依据互联网在线以及便捷存储的特点，让数据变得更具有价值，写在纸上的、刻在磁带上的数据远远比不上网页在线数据，这些都取决于数据便捷的存储方式。

过去对于大众观点意向数据的搜集，只能通过传单、调查问卷等线下方式去了解，但如今想要去了解，只须上网搜索相关话题，就能全方位获得来自世界各地的不同见解，收集到更多、更全面的数据。

同时，线下的调查在获取到问题后，不能及时反馈给社会，也很难去引导大众行为的改变，而现如今数据在线、内容公开、存储及时，在发现问题后能及时为大众所见，无形中加快了社会发展的节奏。

伴随着各类软件程序的研发和应用，互联网获取信息的渠道不断增加。物联网、云计算及云存储等技术不断被运用到各个领域，人和物的所有轨迹都可以被记录和描绘出来，互联网的核心节点变为人。

现如今的大数据仍存在很多问题，例如在数据量爆炸的背景下，如何对这些数据进行有效挖掘和管理，将面临严峻的挑战，目前相关机构也在找寻方法和手段积极应对。

“东数西算”助力数据处理

“东数西算”作为国家建设全国一体化算力网络的重要举措，意义重大、影响深远。建设国家枢纽节点，发展数据中心集群，引导数据中心集约化、规模化、绿色化发展，将东部地区的数据送到西部地区去处理运算，其规模、作用、效能堪比“南水北调”。

大数据的核心点就是存储和计算，只有将这两点结合起来才能产生巨大的价值。互联网等科技公司主要集中在东部地区，这些公司有大量的数据需要处理，但是建立数据中心不仅需要土地，设备运行起来也会消耗大量电力，而西部一些地区的绿色能源（如太阳能和风能等）相对丰富，有的地方气候凉爽，更有利于为数据中心散热节约成本。

像“西气东输”工程一样，要实现“东数西算”，需要建立高速宽带这样的传输设施，算力也是生产力。让国家枢纽节点之间建立紧密联系，进一步打通网络通道，提升跨区域算力调度水平，加快实施“东数西算”工程，这已经上升到了国策的高度。东部有数，西部算数，数据的生产力不问东西，优势的互补不仅是对资源的合理利用，也是东西部合作发展的新提升。

多角度对标大数据，多方案挖掘新价值

从企业管理的角度来看，大数据存在很多应用弊端：首先，业务部门没有清晰的大数据需求，导致数据资产悄然流失；其次，企业内部数据零散不全面、数据质量差、可用性低，导致数据无法有效利用；最后，数据管理技术和架构不够先进，处理能力不达标。

从市场的角度来看，大数据面临的挑战不止当前显露出的问题，还存在许多隐患。大数据市场中噪声太多，大家各执己见，不仅大大降低了数据价值，也严重影响了大数据的发展前景，以线上营销为例，刷单及水军的大量出现将数据准确性大大拉低，严重影响了用户对数据价值的信任度。

大数据越开放越有价值，但在大数据的发展过程中缺乏相关政策法规，导致数据开放和隐私之间难以平衡，难免影响更好发展。大众数据安全能力低、数据安全防范意识差，导致数据泄露造成更大的安全隐患，同时大数据专业人才不足导致工作难以开展。

再者，大数据对算法和计算平台的挑战增加，运行费用提升，量达而质不达，给大数据发展带来了重大挑战，大数据的关键在于谁先拥有更具价值的数据信息，大数据技术的战略意义并不是人类掌握了多少数据，而是这些数据中传达出的信息价值及其带来的实际效益。

如果将大数据视为一个产业，那么这个大数据产业获取利润的关键是提高大数据的部分处理能力，并通过处理能力的提升来发挥大数据价值。事实上，研究大数据的人是利用大数据的处理能力来实现一定价值的，特别是一些业务部门，做好大数据处理及挖掘具有重要的实际意义。

大数据是继云计算、物联网之后，IT产业又一次重大的技术变革，数据成为真正意义上的价值性资产。未来，企业内部的管理运营信息，物联网下万物大量产出数据，互联网中的人与人、物与物信息交互等，数据产出量不断进行累计增长，远超现有企业架构及基础设施的承载能力，实时性要求也远远超出当前计算能力，数据增长将引领技术创新，大数据的发展之路任重而道远。

大数据时代模糊了消费者与企业的边界，对于网络来说不仅提高了数据利用率，而且可实现数据的再利用，进而大大降低交易成本，同时，大数据将企业的边界变得模糊，数据成为核心资产，并极大改变了企业运行模式，一定程度上影响到企业发展。由此可见，大数据对企业的管理和调整都极为重要，企业可以将大数据合理利用，让其更加贴近消费者，深刻理解消费者需求，经过有效分析找出发展方向，否则传统产业最终只能走向低谷，甚至衰落。因此，只有新型产业平台兴起，才能引领新的技术发展潮流。

新冠疫情正在把很多原本的应急技术变成日常技术，这是一次巨大的机遇。数字化进程中的最大受益者不是互联网企业，而是利用互联网进行自我改造的企业，传统制造业与新技术结合，发展速度将超乎想象。

因此，大数据时代将引领新的建设浪潮及新一轮数字化变革，IT行业开拓了新的黄金时代。未来数据处理技术、智能化、信息安全领域会有巨大需求，相关企业将获得更多的发展机会。

由于国际巨头几乎垄断了硬件和基础软件，具有明显优势，国内大多数企业主要依靠客户需求及部分资源抓住本土客户，发展国内市场，在应用软件层得到一定红利，所以只有用好数据挖掘、分析及处理的企业才能拥有更好的发展前景。

大数据的多元化应用无处不在

大数据正在以蓬勃之势，高频率地出现在人们的生活中，渗透在各行各业，进而引领着科技进步和发展，简单来说，人类社会科技发展的最高层次，是互联网所达到的高度，通过大数据的不断发展应用，未来科技的高度将会随着互联网的发展更上一层楼。

大数据就是互联网发展的一个加速器，将数字信息更加全面集中地进行处理和分析，简化流程，加快处理速度，未来的时代是大数据的时代。

对于普通人而言，大数据的价值从哪些方面体现呢？

观察周围的生活，随处可见的传感器、打车软件上车辆的信息集合、网页上的喜好推荐和数据路况的时段分析等都有大数据的影子，大数据就潜伏在人们身边，已经渗透和融入每个人的生活。

手机、电脑将每个使用者与万物相连，极大地拓展了人们的认知，密切彼此之间的联系，坚持以人为核心，为数字技术提供服务。大数据通过各种电子设备洞察、分析一切，如给个人提供健康数据，给家庭提供节能提醒，给城市提供交通优化方案，大数据正在以不可估量的速度改变着世界。

大数据通过融入政治、经济、社会、文化、医疗等让人类在对物质有简单认知的基础上，增加了更多元化的了解。大数据在科学技术发展过程中发挥着大脑的中枢作用，随着技术的不断发展，未来将会出现可以分析海量数据，准确做出相较于人类更精准、更可靠决策的超级计算系统。

大数据应用无处不在，与人们的生活息息相关，已经在潜移默化地影响着人们的生活习惯和选择。

大数据引导大众生活，同时大众本身也是移动的大数据载体，大数据时代下人们的兴趣爱好被网络窥探，隐私泄露造成大众恐慌，无处不在的价值信息搜集，加速落地的人脸识别应用，精准推送的购物产品……比历史上任何一个时代都更能轻松地获取信息，但随之而来的是人们隐私泄露的风险也在增加。

大数据致力于未来的发展应用非常广泛，在决定大未来的基础上，必须了解当前社会发展的痛点，以及如何进行有效改进，随着数字时代的发展，未来世界数据的爆发是科技进步的必然结果。

数字化会真正撬动中国的内需，14亿人口的内需现今远远没有被充分发掘，数字技术的发展会让中国内需进入一个全新的阶段。过去美国靠3亿人的内需撬动了世界经济，未来将是中国14亿人口的内需推动世界经济的发展，互联网的数字经济正在凝聚着这种强大的内需，中国三、四线城市有巨大的市场和潜力，我们发展的下一步一定要找到300个100万人口的城市和100个300万人口的城市，通过这些城市的数字基础设施改造提升数字消费的发展，这就是撬动下一步经济发展的引擎。

关于人们的“衣”

科技发展日新月异，人们的消费方式已经发生了巨大的变化。线上购物平台百花齐放，创造了多元化消费。在网络数据层面，消费者的搜索偏好被数据分析定格，长期以来，大数据将每个消费者的形象偏好描绘出来，形成一个较为完整的用户画像，以此推送相关商品。

线上消费在购物方面的深入人心，得益于科学进步发展下的大数据应用。如果消费者想要在线上购买一件T恤，在浏览了部分商品后，当消费者再次打开购物页面，系统会自动推送更多相关商品。线上大数据平台的应用，可以把握消费者喜好，顺延消费者习惯，并方便、快捷、省时、省力地满足消费需求。

企业在线上交易的服装种类，经过数据分析后，确定服装类型的热门程度，整理不同地区消费者的类型、数量、喜好、年龄，精确把握消费者多样需求，紧抓客户流，加以实现商品定制、生产、销售、使用的有机结合。因此，升级改造产业链，加强企业的精细化管理，一定可以挖掘出更大的企业价值。

在新型消费模式的刺激下，传统的消费模式也不甘示弱，一场关于新、旧消费模式的竞争拉开序幕。许多传统服装企业纷纷紧跟大流，抓住大数据技术下的发展模式，改良传统落后的销售方式，以线下、线上两种渠道扩展客户。在大数据分析应用下，这场关于新、旧消费模式的竞争日渐成型。

关于人们的“食”

消费者对于食物的追求各不相同，大多数人对于记忆中的味道总是情有独钟，虽然对于味道的命名很容易，但因地域、食材等方面的不同，即使是同一位厨师做出来的食物，还是很难还原消费者记忆中的味道，这时候食品所需原料的源头就显得尤为重要，同一种材料在不同地域、季节的生长及存储的时间，对于做出食物味道、口感都有很大影响。

大数据分析就能明确展示出这些变化，并预测这些变化所带给原料的影响，这样就能在很大程度上保证食物的新鲜程度及口感的相同性，让身处异乡的人也能吃到地道的家乡味道。

外卖已经成为一部分人日常生活中不可或缺的部分，不论什么时间、什么地点，在可选取地区范围内选择自己喜欢的食物，大数据会根据订单内容判断出消费者的口味喜好，推荐更多可能喜欢的食物，并提供同一区域内的更多食物选择。

大数据分析也能在很大程度上对食品提出改良意见，保证味道和营养的双重提升，在原有基础上创新出更受消费者喜爱的食物，创造出更多的消费形式。

食品安全与人们的健康紧密相关，关系到消费者自身的利益，对国家和社会的稳定有着根本影响。大数据技术在食品安全治理方面提供了很大程度的帮助，整条产业链数据的整合、分析及深层挖掘，能很好地对商品溯源及食品安全事件预警，这样的技术同样也适用于药品领域。

关于人们的“住”

人口的数量在很大程度上能够展现城市的实力，人口数据对一个城市来说尤其重要，在住房方面，几个决定性因素为区位、人口、环境。网络通过遥感地理信息等多种背景信息，可以将数据汇总分析，实现人口数据精细化、网格化。

当一座城市充满智慧，数据像血液一样可以遍及每一处角落时，每个应用都操作顺滑，如臂使指。人口网格化是目前人口空间分布研究的热点，超精细网格化人口数据结合遥感地理信息等数十种数字信息将数据汇总产生，可以清楚地了解到不同地域的空间分布、人口数量及性别比例，便于当地实行城市房屋建设计划，推进城市规划、开发及利用更多的有效空间资源，为人们的房屋居住创造更舒适的环境。大数据可以精准把握保障性住房等空间需求，建设健康高效、分布合理的区域，合理利用地域资源。

家居用品的选择和购买是每个家庭的刚性需求，选取优质的家居用品，经过对比和使用评价，判断其耐用程度以及品质是否达标，此时互联网大数据就可以大显神通。进入购买平台，平台会根据其他用户的购买及使用体验进行推送，在购买后能及时送货到家，购买的产品也有相关的售后保障，免去后顾之忧，部分商家还有先试后买的方式，可极大地保障消费者的权益。

智能家电从鲜为人知到逐步普及再到渐入佳境，凭借着在大数据的基础上实施物联网技术，基于住宅，将物联网、边缘计算、AI、网络通信技术、网络安全、自动控制技术、音视频技术等将与家居生活有关的设施集成起来，构建便利、舒适、安全、健康的居家环境，为生活带来更多的便利。

关于人们的“行”

人们的出行构成了大数据，同时大数据反过来实时反映交通状况。铁路和航空已经成为出行的主要方式，节假日出行热、抢票难已经成为了社会热点问题，一票难求的情况带来很多出行难题，大数据与人工智能迎难而上，问题迎刃而解。

铁路部门通过大数据分析调整出行规律，有针对性地选择开行时间及车次，网络购票通道的开启，让方便快捷的网络购票成为主流，同时第三方平台通过大数据的助力分析，实时监测购票数据，帮助旅客提高抢票概率。车站、机场等场所利用人脸识别等手段简化安检程序，提高效率，保障旅客安全。

运用大数据技术，交通管理部门对交通安全展开实施监督，对于拥堵的路况能及时进行疏导和管控，通过数据分析将事故多发路段进行重点管理，能最大限度地减少交通安全问题，实现对道路交通的状态、枢纽客流的动态的监测，了解路况及机场、火车站等重点枢纽的客流量，为相关部门启动应急预案提供有力支持，以确保旅客的出行顺畅。

近年来交通耗能问题引发社会各界重视，这不光是对个人资产的重视，更是对所处环境的一种责任。在大数据的帮助下，导航软件通过传感器来感知各个路段的流量与速度，利用环境学常用计算公式推算出汽车排放量和汽车在一段时间内的污染程度，从而制定出相关治理方案，可在一定程度上减少汽车消耗和对环境的污染，力求居民健康绿色出行。

大数据应用与电子地图结合，通过软件定位，方便人们出行，从而减少外出不必要的麻烦，一些网站小程序、手机软件与地理位置信息相结合，是获取软件功能的最优使用。百度地图、腾讯地图等出行类软件，依据大数据所产生的数字信息，及时获知路段的实时拥堵情况，为用户推荐最佳出行方式。

公众对隐私泄露产生巨大恐慌

在当下互联网普及的时代，大数据爆炸式增长，促进了社会发展，给用户带来了很多便利，但不成熟的大数据安全技术容易造成安全泄露问题，很难保护用户隐私。

对于大数据应用企业来讲，为了保证数据的安全，必须加强大数据安全技术的研究，基于大数据安全保护技术，为数据信息的存储、传输和处理提供安全保护。例如，在大数据环境中，用户通过身份认证技术获取数据信息，在身份认证技术的保护下，可实现用户隐私保护最大化，避免造成经济损失。

事实上，部分网民并不重视信息的保护，在享受网络带来便利的同时，忽略了自身数据信息的安全，导致一直存在重大信息安全隐患，但这并没有影响大众在社交媒体分享生活细节，这也就导致信息泄露事件依旧频频发生。

很多人对大数据抱有极大的希望和热情，认为大数据将会贯穿未来世界发展，发挥巨大价值，但是也有极少数人纠结于大数据的弊端，认为大数据背景下隐私得不到保护，甚至还会危及知识产权等诸多问题。

随着大数据的广泛应用，世界变得越来越透明，人们就像生活在玻璃鱼缸里。不可否认，在大数据高速发展的背景下，隐私问题的确不可忽略，而且目前大数据应用在应对大量数据时仍有难以扩展、资源不能充分利用、应用部署复杂、运营消耗高等问题亟待解决。但凡事皆有两面性，隐私问题是自互联网问世就存在的问题，在发展中一直在加以改进，其他问题也会随着科技与社会的进步，得到不断解决、完善。

加强数据安全，引领数据赋能

数据正以不可控的势头爆发，在加强监管后，必然会有一场激烈的博弈。面对黑客快速入侵安全系统，政府不断加强执法效率。数据是国家基础性战略资源，没有数据安全就没有国家安全。对于数据安全的治理，2021年6月10日第十三届全国人民代表大会常务委员会第二十九次会议通过《中华人民共和国数据安全法》，这部法律不仅是数据领域的基础性法律，也是国家安全领域的一部重要法律，已于2021年9月1日起施行。这部法律聚焦数据安全领域的风险隐患，加强国家数据安全工作的统筹协调，确立了数据分类分级管理、数据安全审查、数据安全风险评估、监测预警和应急处置等基本制度，通过健全各项制度措施，提升数据安全保障能力，以有效应对数据这一非传统领域的安全风险与挑战，切实维护国家发展利益和企业安全。

大数据时代下，越来越多的人活跃于社交媒体，个人信息一览无余，对用户的人身安全和财产安全造成威胁，因此为了防止用户隐私泄露，应加强在社交网络中数据和信息的监控，对于匿名的媒体信息应使用信息安全技术来维护其社交网络的健康环境，以防止用户信息泄露带来的损失。

同时，在社交信息传输的过程中，必须加强对数据的监督和管理，保护用户在通信过程中信息数据的安全，以防止被恶意获取使用。因此，用户的安全意识是大数据安全问题的重要因素。

为了确保用户的隐私安全，相关部门须加强大数据安全的宣传保护，向大众普及一些常见的风险泄露知识，传播风险泄露案例，让用户掌握基本的隐私保护技术，确保大数据信息的传输安全和用户的隐私监管，在使用互联网时，树立个人信息隐私保护意识并付诸行动，共同营造健康的数据安全环境。

人们的衣食住行已经在不知不觉中被大数据所引领，总的来说，一方面要抓住大数据带来的机遇，通过大数据的分析处理推动社会发展，另一方面要拓展大数据的边界，通过大数据的创新赋能加速科技进步，让产业更加完善、更具价值。因此，无论从微观角度还是宏观角度，大数据带给世界和人类的利远大于弊，使其成为继劳动力、资本之后的第三生产力。

数据可视化工具将统治市场。相对枯燥乏味的数据而言，人们对于可以直观感受的图形、颜色等具有更大的兴趣。利用数据可视化平台，将枯燥的数据转变为丰富的图形，展现多彩的视觉效果，将复杂的数据简化，以最直接的方式展现在大众面前，这样可以简化人们分析数据的过程，提高数据分析的效率。

在全球范围内，大数据技术使各行业的数据规模性和复杂性显著增大，数据决定市场的前沿性、稳定性，这也让可视化工具的部署应势而生。市场上已经出现了很多数据可视化的专业软件，数据规律可以更简单、直观地被发现，未来此类数据可视化软件市场增长迅猛，会有越来越多的企业认识到数据可视化在企业管理中的重要性，并加以应用。

公司和机构竞相寻找数据人才

国务院发布的《促进大数据发展行动纲要》（以下简称为“纲要”）将大数据发展确立为国家战略目标。党的十八届五中全会明确提出：实施“互联网+”行动计划，发展分享经济，实施国家大数据战略。

大力发展工业大数据和新兴产业大数据，利用大数据推动信息化和工业化深度融合，从而推动制造业的网络化和智能化，成为工业领域的发展热点。要实现国家数据化成功落地，就必须在人才、技术、设备上抓住重点，目前中国人才缺口大，当前国家间的竞争本质上就是科技的竞争，科技人才的争夺则是赢得竞争的关键所在。

大数据的发展衍生出了许多新的岗位，新岗位大量出现，却缺少专业技术人才，尽管当前设置大数据专业的高校在不断增加，但是实践性技术人员的短缺仍得不到解决。

大数据专业的从业者大致分为数据开发工程师、数据分析师、数据架构师、数据挖掘工程师、数据运维工程师、数据库开发师6个主要方向。

数据开发工程师负责公司网络架构的开发、建设、维护，以及大数据平台集成相关工具平台的架构设计与产品开发。

数据分析师负责运用工具提取分析数据，实现数据的商业价值，需要具备强悍的业务理解和工具应用的能力。

数据架构师负责用户的需求分析、技术架构分析、应用设计、开发利用和数据相关系统设计的优化，需要有过硬的平台级开发和架构设计能力。

数据挖掘工程师需要有过硬的数学和统计学基础，对算法的代码实现也有很高的要求，主要负责用户体验分析、预测流失用户等。

数据运维工程师主要负责大数据相关系统及平台的维护，确保其稳定运行。

数据库开发师这项职位需要基于客户需求进行设计开发和实施数据库系统，通过理想接口连接数据库和数据库工具，优化数据库的性能效率等。

理论上，大数据将现实世界数字化，构建一个虚拟的数字映像，这个映像承载了现实世界的运行规律，为人类提供了一种认识复杂系统的新方式。

大数据作为一种基础性和战略性资源，是提升民众生活品质、国家治理能力的“金矿”。利用高效的数据分析方法及计算能力对该数字映像进行深度分析，将有可能发现并厘清一些复杂系统的运行行为、状态及规律。大数据技术下，人类拥有了更新的思维方式，并探索和掌握改造自然社会的新手段，这也是大数据引发社会变革的根本原因。

第二章　数字经济引领数字世界

数字经济既是经济转型增长的新变量，也是经济提质增效的新蓝海。数字经济利用数据引导价值资源发挥作用，推动生产经济的发展。把握历史契机，以信息化培育新动能，用新动能推动新发展，做大做强数字经济，扩展经济发展新空间。大数据、云计算、物联网、区块链、人工智能和5G通信等新兴技术都是数字经济的重点所在，应用层面的“新零售”“新制造”等也都是数字经济的典型代表。

数字化时代又指后信息时代，是超越工业时代、信息时代后的全新时代。后信息时代旨在实现“真正的个性化”，首先是个人选择的种类和方向更加多元，其次是将个人与环境恰当配合。在后信息时代里，机器可以对人进行深度理解，丝毫不亚于人类的自我了解程度。时空障碍不会造成影响，人们的办公地点随机分散，可自由支配，极大地解放了自古以来固有的生活模式，每个人都有自由行使权利的机会。

纵观全球，新科技全面爆发，中国正在以惊人的速度增强自身科技力量，不断创新变革。在重大技术和行业的发展方向上，历史不是任人宰割的羔羊，而是一头目标明确的雄狮，时间终究会给出答案。新技术研发，先进设备创新制造，中国的科技地位在国际领域内步步提升，冲刺在创新改革最前端，率先走出了社会数字化转型的新道路。

提及社会数字化转型，这是一个目标长远的问题。数字化转型建立在数字化转换、数字化升级基础上，进一步提升综合国力，维护社会发展，以新建模式为目标的高层次转型。数字化转型反馈给人类的是信息价值的升值，将信息从模拟形态转换到数字形态，本质上是将信息以二进制数字化形式进行读写、存储及传递。

中国用自己的方式告诉世界，中国数字化的发展势如破竹。不可否认，数字化转型带给人们的便利不言而喻，但同时也应提醒社会做出改变，制定全新的发展规则。在新的数字化社会背景下，数据和信息将成为当代数量最大且最具价值的资源。

数字化转型无疑是建立在数据基础之上的，新基建是关于国家科技化发展的重要战略，是以数据存储为主的基础设施，新基建诞生极大地促进了数字化转型。

然而，数字化转型需要通过正确的方法才能成功实现，数据存储就显得尤为重要。这些数据如果能在商业领域及公共服务领域得到合理、有效的利用，则必然能在万物互联的数字化世界带来全新价值，造福于人类。未来世界是数字化世界，如果要加速进程实现最快转型，就需要将人放置在万千信息的中央，以人为最根本。

数字经济——新兴产业最强引擎

纵观中国40多年的产业迭代兴起，用“改革开放”四个字倒着解读，恰如其分。先“放”再“开”，再“革”后“改”，数字经济也不例外。

数字经济又称智能经济，是信息经济、知识经济、智慧经济的核心要素，正是因为数字经济发展创造了条件，各行业才得到跨越式的发展。

数字产业化也称为数字经济基础部分，即信息产业，其将计算机与网络生产工具连接，共同创造新兴产业，实现工业经济向数字经济的社会经济转型，实现信息技术产业化、传统技术信息化。互联网业、电子信息制造业、软件、信息技术服务业和通信等都是数字经济基础的一部分。

产业数字化也可称为数字经济融合部分，就是将数字化新技术应用于传统行业，极大地提高生产数量及效率，新增的数字经济技术也会成为新型生产方式的重要构成部分。数字化力量能发挥出看似微小的进步，但放在任何一家大型企业中，都会转换成巨大的经济效益。

数字产业化和产业数字化都是带动国内企业新发展的重要方式，它们一起致力于打造数字经济的全新方向，加快数字社会的建成，以协同加快社会转型。

打造数字经济新优势，必定让数字产业化和产业数字化齐头并进，相互协作，赋能于传统产业，特别是我国制造业转型升级，应以更加广泛的数字经济作为创新引擎，推进数字经济发展的新模式、新业态，不断壮大数字改革的储备力量。

大部分数字产业仍处于产业节奏快速变换的激烈竞争中，并未进入垄断状态，当前中国也并未完全建立起促进数字产业长期、健康、合理发展的监管机制，数字经济产业或长期处于监管真空状态。

目前最好的解决方法就是建立数字经济发展的监管委员会，协调好监管和发展的关系，提升互联网数字经济相关企业的治理能力，参与推动数字全球经济化建设，推动我国数字经济的长期健康发展。

数字化浪潮已经在全球范围内产生了巨大效应，切实加速了全球一体化。2020年通过的《全球数字合作承诺》等重要提议，体现出在数字经济领域推动全球合作的理念和设想，可真正实现全球的信息互联、产业数字化，从很大意义上实现地球村的构建。

信息技术突飞猛进，以信息技术为代表的高科技综合竞争日趋激烈，信息化对社会经济和数字化产业推进带来深刻影响，在国际上得到普遍关注。信息化一直是发达国家和发展中国家的关注重点，并将推进信息化作为发展经济社会的战略目标。

数字经济的飞速发展，让其在数字产业化、产业数字化的基础上新增了数字化治理，在注重这“三化”的同时，不容忽视技术层面及数字产品设施的建设。

2020年重庆已经使用无人驾驶的船只在长江巡逻，如今重庆开始用数字技术治理高空抛物。未来城市的发展就看谁的数据更丰富，谁的计算更快，谁能真正理解数据、利用数据，其中保护数据的安全和隐私尤为重要，有效利用数据来促进经济社会的发展已成为发展趋势，人类全面进入数据时代的标志就是传统行业大规模受益于数字技术的转型升级。

街边小店，有能力在线上运营的不到20%，新冠疫情发生以后一两个月内，几十万的街边夫妻小店开通了外卖服务，线上的外卖不是目的，有能力在线上做生意，背后是成千上万的夫妻小店，触及了数字化的生产力，开始利用先进技术改造自己的传统行业。过去是电子商务，今天农业、物流、服务业以及所有的行业都迎来了一个前所未有的巨大机遇，用数字技术降低企业的推广成本、渠道成本、人力成本和管理成本等，随着大数据的发展，每一个传统行业都将有机会变成技术驱动的现代新行业。

数字产业——发展路线清晰明确

“加快数字发展、建设数字中国”在“十四五”规划和2035年远景目标纲要草案（以下简称为“规划纲要草案”）中单独成章，“数字经济核心产业增加值占GDP比重”被列入经济社会发展的20个指标中，种种信息表明中国对发展数字经济的重视，目前，我国已制定了未来5年发展的明确路线，以加速推进数字中国的建设和发展。

规划纲要草案将建设数字中国作为独立篇章，意味着中国将数字转型提上了近几年发展的重点日程之一，数字化经济将为中国社会转型提供核心力量。数字经济对于建设新型企业意义非凡，新技术的融合大幅度提升了社会发展水平。多角度看待数字经济发展，无论对于消费群体、企业还是社会来说都至关重要。

从经济学层面来看，数字经济是人类通过大数据的识别、选择、过滤、存储、使用和引导等，将资源信息进行最快的优化配置，实现经济形态的高质量发展。目前来讲，商品、技术、服务的数字化正以多种方式加速向传统产业渗透，在推动互联网数据中心建设、数字产业链和产业集群方面不断发展壮大。

5G网络、数据中心、工业互联网等新型基础设施是我国重点推进建设项目，本质上就是将数字经济基础设施应用于科技新产业，加速数字经济发展下新生态的出现，助力于我国新经济的重要发展。

数字化产业通过不断增强处理数据的能力和速度，推动经济形态由传统工业化向数字智慧化转变，不仅降低了社会交易成本，也提高了资源优化配置效率，进而使产业附加值也在发展中得到提升，同时也带动了产品、企业，推动了社会生产力的快速发展，也为技术不发达国家的后来居上提供了稳固的技术基础。

从云办公、在线教育到助力防疫抗疫的健康码，从中小企业风险抵御的保障到现代化城市管理的协助，尽管2021年我国经济社会受疫情冲击遭遇严重的影响，但是在此次防疫抗疫的考验中，数字经济发挥了宏观经济稳定器的作用，实现了新冠疫情对社会经济影响的最小化目标。

数字化引领传统制造，影响未来。数字经济将成为拉动经济增长的一个重要引擎，各行业、各领域的数字化转型步伐将大大加快，发展信息化、智能化、数字化的基础设施，新兴产业与数字技术发展紧密相连，数字经济将衍生新的市场需求，5G网络、人工智能等新型基础设施，将在未来为经济动能转换提供重要动力。

除去变化莫测的消费市场，还有不断升级的投资及用户需求。数字技术应用于医疗服务、在线教育、科研攻关等领域，发挥出了重大作用，大面积的应用会培养消费者的新型消费习惯，形成大众对新兴科技的更大需求和依赖，如果再将目光放长远些，数字经济会驱动更多新业态，持续扩大和满足人们多元化的需求，进而为数字经济增添更多新鲜活力。

2020年后，数字经济政策在市、县/区级，细化领域，传统经济结合落地的三个方向进行延伸。创新发展试验区确立，将加速形成可落地方案施行，数字经济的发展，是推动经济不可缺席的要素，本地经济社会现状和特征也是必不可少的因素。

《国家数字经济创新发展试验区实施方案》正式印发，在河北省（雄安新区）、浙江省、福建省、广东省、重庆市、四川省等启动国家数字经济创新发展试验区，鼓励六个地区尊重各自经济基础迥异、社会管理矛盾不同、民族文化传统的客观差异，为实现数字经济与实体经济的深度融合探索出新路径、新方法、新举措。

在全社会推动数字经济与实体经济深度融合的实践中，虽然数字经济是有别于传统经济模式的新型经济形态，但本质上还是经济，要关注其总量。

数字经济价值能否实现？价值怎么实现？这是企业和相关部门一直重点关注的问题，联合国对数字经济价值创造和捕获的潜在影响进行了研究探讨，分别从个人、企业、平台和政府等不同主体进行分析，结果发现其对整体的影响参差不齐。

这也提醒我们，数字经济并不是十全十美的，它仍然存在可能破碎的巨大风险，在当前加速数字化转型的过程中，无法将数据价值化的现象依旧存在，以及在转型过程中会不会对当下经济的平衡造成影响仍是一个未知数。同时，新兴产业技术创新性强、发展变化快，但也面临更大的市场不确定性，需要更敏锐地感知市场需求，更主动地顺应市场变化。

各地应把握住本土的市场需求及实际发展情况，进行合理的规划论证，在财务做好基本保证的情况下有序推进项目落地，不能一味盲从，没有规划、没有效率地进行改革，从而造成产能过剩及其他风险。全球数字化经济在决策和方向上认知并不统一，不同国家及地区对待数字经济的态度、在基础设施上的投入、数据流通的规则及治理多元化问题仍存在较大偏差。

随着中国信息技术不断进步和发展，互联网发展在迎头赶超的同时，也受到某些方面的影响，如何切实做到信息的“引进、消化、吸收、再创新”成为当下中国发展数字经济的首要问题。

中国和美国是当前数字经济领域的两大巨头，数字经济先发展国家可能会进一步压缩后发展国家的发展空间，中国联合并带动科技后发展国家在数字经济领域共同发展进步，使数字经济造福更多国家和地区，展现了大国担当。

国内低端产能过剩与高端产能不足并存等结构性问题仍然影响着当前中国的发展，而数字经济发展前期需要大量资金投入，如新型基础设施中的5G/6G、人工智能、云计算等，投资回报期都长达5～10年，不仅资源型数字经济投资是这样，生产型数字经济投资周期也同样有较长的时间，因此，数字经济的投资、传统经济转型的发展需要如何去统筹平衡是一个很重要的问题，精准定位，逐步实施方案，对当下发展数字经济具有一定挑战。

中国化数字经济，将中国智慧传递给全世界，数字经济管制愈演愈烈，美国加强了对我国芯片、通信、人工智能等领域的管制、禁售，尽管如此，中国仍保持开放心态，摒弃利己主义，加入并推动全球数字经济的务实合作，在国际上彰显大国风范。

“一带一路”沿线65个国家具有广阔的市场潜力和腹地纵深，有利于推进对数字鸿沟、数据跨境流通等未决议题的探讨，也能积极引领全球政策导向，争取更多国际认同。

中国数字经济发展策略需要得到国际共识，在提升全球数字经济领域话语权的同时，应整理中国数字经济发展的成功经验，将“先发展、后监管”的理念进行传递，这将有利于科技后发展国家借鉴并加以实施，在真正意义上推进数字技术共享、全球共同进步。

2021年是数字经济得到高度重视的一年，从全国“两会”提出“壮大数字经济”，到中央经济工作会议提出“要大力发展数字经济”。相关政策的出台，让数字经济发展的目标规划不断完善和明确，体系机制日益健全，数字化将整个世界的运转方式被迫从根本上做出了改变，也在不同程度上影响了一些企业、组织运营及获取价值的方式。

今天中国一些企业依旧停留在以大规模、低成本的方式生产大批量产品的阶段，但这种大规模组织生产方式并不能了解每件产品的精准去向。“工业4.0”和“中国制造2025”等概念掀起了数字化浪潮，各产业就市场变化情况进行分析，加强商品的数据分析，逐步走向商品个性化。

产品将不再局限于功能性和实用性，注重彰显个人性格，消费者购买的也不仅是产品本身，还有定制过程的参与感，小到钢笔表面图案的选择，大到智能家电等大件商品的颜色和配置，消费者的参与在一定程度上改变了企业的生产模式，企业必须快速灵活地制定出新的规模化产业链。

新技术促生了新模式，在日常生活中可以通过手机应用商店去搜索应用软件，工业领域也将很快迎来这一天，打开工业应用商店，里面有监视、分析能耗的手机软件，也有分析整条生产线的手机软件，或是监控某台设备位置和状况的手机软件等，这将是对传统工业领域商业模式的彻底颠覆。

数据存储——新基建的基础设施

从文明伊始的“结绳记事”，到文字出现后的“文以载道”，再到现代科学的“数据建模”。数据的产生一直伴随着人类社会的发展变迁，记载了人类数千年对世界的认知变化及社会不断进步的过程，直到以电子计算机为代表的现代信息技术出现，为数据处理提供了便捷的方法，数据处理的方式得到了巨大飞跃，信息技术在经济社会方面的应用让人类掌握了更多新信息，其将超越物质、能源成为更重要的战略资源。

新型基础设施建设（以下简称为“新基建”）主要包括5G基站建设、特高压、城际高速铁路和城市轨道交通、新能源汽车充电桩、大数据中心、人工智能和工业互联网七大领域，涉及诸多产业链，是以新发展为理念，以技术创新为驱动，以信息网络为基础，面向高质量发展需要，提供数字转型、智能升级、融合创新等服务的基础设施体系。

新基建受到业内广泛关注，数据存储在各行业都发挥着不可小觑的作用，是新基建的重要组成部分，发力新基建是智慧经济时代贯彻新发展理念、吸收新科技成果的必由之路。

新基建是相较以往铁路、公路、机场等传统基建提出的概念，是实现国家生态化、数字化、智能化和高速化的关键，是建立现代化经济体系的国家基础设施，是面向数据高质量、创新智能、社会转型等服务的基础建设。简单来说，新基建就是在新时代下将物质、能量、数据在原基础上整合优化，以更高效的方式生产、流动、汇聚并形成具有更大价值的产物。

伴随新基建的加速推进，新应用数量以肉眼可见的速度直线增长，网络节点数也一跃而上推动了新基建的发展进程,产生了重要的社会价值。

新基建最重要的价值就是连通。犹如现代整个经济社会价值需要经济活动来体现，而经济活动就是创造、转化、实现价值，满足人类物质文化生活所需。如同每个人都想赚钱，想拥有很多钱，但钱本身并不是最终目的，想拥有钱的最终目的，就是希望通过钱买到想要得到的产品和服务。

那么，想要所需即为所得，首先就是人类社会及物质社会之间的连通，人与自然界的连通，比如土地、农作物等使得人类衣食温饱得以发展；人与各类矿产资源连通，使得人类日常所需及各类产品得以发展；人与人之间的连通，使得社会价值性产物及服务得以发展。

收益等于总投入减去总成本，无论将这个公式应用于哪里都可以看出，同等条件下成本越高收益越低，相反，成本越低收益越高。归根结底，社会运行的最低成本就是连通。简单举例：古时候从南到北，可能要走几个月甚至更久，普通人可能一辈子都没有机会出远门，这就是交通连通的成本造成的障碍，而现在出行，乘坐高铁、飞机仅需要几小时就可以到达很远的地方，这将大大节省时间成本和开支，使得同一件事的完成成本更低。

因此，新基建的价值，不只是建设过程中带来的经济效益和就业岗位的增加，更重要的是建设完成后将会带给整个社会的后续促进效应，社会大众更关心的是新基建完成后带来的实际价值。

智能手机与4G网络结合引爆了移动互联网产业革命，在此结合下出现了很多新鲜事物，从而带来了很多新机遇，对那些墨守成规的人来说是认知上的刷新、行为上的挑战，曾红极一时的手机领导品牌诺基亚和黑莓的没落就是最好的证明。

一个新生事物诞生，由于极少数人了解，所以大众中少有人能想象出更多新奇的应用场景，但越来越多的人使用就会产生更多经验，随之衍生出更多价值性产物，甚至出现全新产业链，比如短视频、直播产业等，因此，今天的5G对于我们来说，也许就是速度快一点、网络延迟低一点，但是当一亿人、十亿人都用上5G网络之后，新的价值就会凸显。

5G的建设核心是建立信息更多、更快、更稳定的连通，让更多的信息可更快、更稳定、更低成本地流入大众手中。

在新基建发展中，数字化是基础设施重要的组成部分，对数据处理在速度、数量、安全的提升上带来了更大挑战，中国制造供应链在全球加速分工布局，生产自动化、远程协作逐步变成刚需，数字化基础建设将助力于中国各个产业发展。

从产业影响来看，新基建原本包含的能源、通信、电力等方面将发生重大变化，其涉及的医疗、通信、电力和交通等多个社会民生行业也会被带动，随之带动发展的还包括互联网、智慧城市、教育、物流、零售和制造等行业。

新基建的发展推动互联网发生革命性改变，网络系统设计规划不断增加，在建成运行后缺乏可靠的数据保护，发现缺陷后进行弥补历时较长，无论在规划设计还是运行维护方面，都需要对整个系统数据进行存储管理及备份，如果其数据存储设备达不到所需刚性要求，就会严重影响到网络安全。

传统安全技术大部分都在互联网普及之前就已发展并成熟，其中包含反病毒、防火墙等安全产品，都会对已知恶意攻击及恶意软件进行识别并防御。

现如今的传统安全产品在应对快传播、多变化等恶意攻击时，依赖“样本捕获、样本分析、样本采样、定时更新”的流程进行防御软件的更新及完善，在时间差、爆发式大规模攻击的问题下，传统安全厂商还来不及给安全产品进行升级，用户就已经受到了攻击。近些年，为了解决数据安全问题，业界尝试了许多方法和手段，但都基于大数据安全和云查杀，只是暂时应急性地解决了传统安全技术面临的难题。

计算机互联网系统并非永远可靠，数据库软件的功能也存在数据存储系统不完整的问题，它们只能解决系统可用性问题，而互联网系统的可靠性问题需要完整的数据存储管理系统来解决。

2020年初，新冠疫情在全球爆发，挑战与困难接踵而至，居家办公、云课堂、云会议频频进入人们的视线。足不出户抗击疫情，大众从中切实感受到基于云计算、大数据、AI的新基建带来的社会效应，数字化、智能化有效解决了病毒和人的零触碰，阻断了病原体的多途径传递，提升了疫情防控的全流程、众角色、多场景协同效率。

数据存储作为新基建的重要基础，在社会发展领域中以地基作用来稳固科技发展的大楼，这是一场旷日持久的数据争夺战，只有把握好数据存储带来的挑战与机遇，才能更加坚定地迈向数据存储产业化发展的新阶段。

第三章　人工智能代表人类发展的超级竞赛

人工智能（Artificial Intelligence， AI）亦称为智械、机器智能，是由人制造出来的机器所表现出来的智能，系统可以理解并运行外部数据，并在理解的数据上获取新的信息，最后利用这些数据巧妙地完成特定任务。

小贴士

人工智能是计算机科学的一个分支。其是致力于研究及开发用于模拟、延伸和扩展人类智能的理论、方法、技术及应用系统的技术科学，旨在了解智能的实质，生产出一种新的能以与人类智能相似的方式做出反应的智能机器。

人工智能是互联网后时代的发展路径和方向，研究方向具有极高的技术性和专业性，分布的领域有深度，涉及的范围很广泛。智能化生产是人工智能应用的方向，也是工业互联网发展的诉求之一，智能化的生产一定能够带动新技术的应用落地，人工智能技术在产业结构调整上大有作为，也会为产业结构升级提供推动力。

人工智能聚力产业发展

人工智能体系日益成熟，政府对智能化应用落地升级投入的鼓励政策加速落地，国内制造企业智能化投入不断增加，智能化办公已进入高速增长阶段。智能化生产和大规模定制是制造业升级转型的方向，因此发展人工智能是智能化产业的必经之路，由“制造”加速转型为“智造”，推动实体经济快速发展。

智能化办公在当下已经拥有很多应用，虽然不同企业拥有不同的智能办公形式，但其办公目的一致，即降低工作难度，提高办公效率，在一定程度上也能拓展办公的边界。

实现智能化产业的核心问题，本质上还是解决数据驱动的问题。智能化产业链的普及调整了产业结构，在工业互联网的技术层面下，基于云计算的技术全面提升了行业领域的智慧化程度，支撑了大量中小企业的可持续发展。随着更多的企业业务上升，未来许多行业领域都可以通过智能化产业链完成更深层次的资源整合。

如今，智能制造已经无所不能地渗透到我们的生活中，无人巴士、智慧医疗、智能家居、无处不在的传感器，新兴科技让智能化设备进入生活的末端，也让智能制造真正意义上进入实践阶段，产生更大价值。

智能化的基础是数字化，数字化的前提是数据化，智能化生态的建立不能只归功于科研人员的努力，背后的每位数据采集员、数据标注员、数据审核师……无数个无私奉献的个体，贡献出人工智能所需的数据资源，才会带来更多意想不到的应用场景。

用算法来抓取，经数据来变身，由算力来加持，人工智能可用于检测伪造事实，能比人类审查者更快速地识别伪造标记及内容，尽管伪造者有伪造事实的能力，但其发展速度现在已经明显落后于检测伪造事实的速度。

人工智能应用以多元化的形式改变了我们的生活，首先是医疗行业，传统的医学影像由医生看片诊断，看诊速度缓慢，工作繁重，且相关领域专业人才需求量大，导致误诊、漏诊的现象时有发生。人工智能图像识别应用可帮助医疗领域解决这一问题，其可对CT、核磁共振、X射线等影像进行特征提取和对比分析，完成识别和标注，发现肉眼无法辨识的内容，不仅降低了诊断结果的错误概率，并且其影像产品处理速度极快，也大大提升了诊断效率，在进行肿瘤治疗环节的影像处理时，在治疗中能自动识别病灶位置，以减少射线对人体的伤害。

有效识别技术可以解决影像三重构件的需求，人工智能技术可以实现远程问诊，在线问诊过程中，用户在平台上输入症状，系统将识别用户输入内容并完成分析，提取信息后在知识库中进行检索，将相关信息推荐给用户，精准完成人工智能技术匹配。智能云平台可以让医生语音输入病例，减少录入时间，在医疗行业这些应用可以有效缓解医疗资源紧张。

其次在政务方面，人工智能也做出了很大贡献。各企业先后推出健康码，大众通过微信或支付宝就可以获得电子出行凭证，清晰记录新冠疫情期间的出行。健康码的出现，更好地实现了对疫情的防控，为服务疫情期间出行、复工等提供了可靠依据。

政务联络机器人可以在辖区内与居民进行联络，人机对话完成相关政务信息传递，减少人与人之间的接触。智能机器人可以自动生成统计报告，展示通知排查结果，节约人力成本，避免信息采集人员与居民的交叉感染，提高了防控效率，在一定程度上，人工智能减少了人类在重复事物上花费的时间、金钱及精力，解放了双手和大脑，帮助人类实现更多价值。

最后是服务行业，人工智能将客户服务智能化，实现人机间通信交流，让机器在不断的学习中理解人类语言的表达内容，并根据所理解的内容进行回答和实施。

智能客服系列产品融入了最前沿的自然语言处理、学习算法及语音识别合成技术，为客户提供了整套的服务机制。将语言处理自然化是对话机器人的主体技术，使机器人能以对话方式为客户提供在线咨询服务，连通人工系统，广泛应用于不同的服务场景。

企业外部客户可以通过公众号、小程序、网页及实体机器人等多种渠道进行咨询，客户流量高速增长，同时保证了用户体验在效率及成本之间取得最大平衡。

语音助手的出现，提升了服务质量，基于语音识别合成及声纹识别等技术下的人工智能助手，可理解并执行用户的语音输入，通过语音获取更多内容，控制智能设备，广泛应用于家庭娱乐、景区旅游等多种场景。

虚拟人服务也基于人工智能应用，具备虚拟形象，是语言、文字与人工智能对话技术融合的综合体，在传统交流的基础上可提供更好的互动性和表现性，广泛应用于企业服务、旅游教育等行业的窗口服务。

早期虚拟人只做简单内容，而近年来虚拟人与品牌跨界合作已经流行起来，大量商家利用虚拟人来获取商业利益，这还只是人工智能在起步阶段的应用，可畅想人工智能在未来各个领域还会出现更多新型应用，其发展方向极具多元性。

人工智能推进社会转型

人工智能与城市数字化转型也有很大关系，它对城市数字化转型具有重要的驱动力量。2021年7月14日，黄浦江畔的2021世界人工智能大会的举办，汇聚了各地精英级人工智能的专业人才，是中国乃至世界人工智能行业的一次科技盛会。

据报道，深圳将出台中国首部人工智能领域的地方法规，在2021年的深圳两会上，深圳市人大代表提交的780个建议方案中，“人工智能”字眼就出现了207次。

尽管目前在法律层面没有对人工智能及其概念做出规定，但建设并加强人工智能领域的发展不容忽视。截至2021年，人工智能领域的相关岗位还是很多，但由于人工智能行业发展尚在初期，所以很多岗位都集中在研发领域，除去研发岗位，涉及大量方案设计岗位及运维岗位，人才需求潜力大，有很高的岗位附加值。当前人工智能产品要想大规模落地应用，就需要有大量专业人员来完成设计并实施相应项目。

在科学研究中，方法上都是先见森林，再见树木，想要更深入地了解智能领域的发展史，首先应回顾近代世界科技的发展历程，主要是世界上发生的两次科学革命与三次技术革命，这五次科技革命给人类文明进程带来了根本性变革，也影响了整个国际格局。国际局势风云莫测，过去的五次科技革命，我国都没有占据主导地位甚至缺席，这也间接导致我国前期的技术发展较慢，国家发展道路风雨飘摇，列强侵略、主权受辱，经济恢复能力低，社会发展缓慢，我们应该从这个惨痛的经历中吸取教训。

2020年后，越来越多的企业将资金大量投入人工智能行业，其将超过传统移动应用开发，用户注意力正从单个移动设备转至后科技时代的新兴技术，人工智能正以势不可挡的趋势融入大众生活。

第四章　物联网对标互联网

物联网通过信息传感设备，按照协议约定，把万物与互联网连接起来，进行信息交换和通信，以实现智能化识别、定位、跟踪、监控和管理。通俗地讲，物联网就是“万物相连的互联网”。

物联网包含两层含义：①物联网的用户端不仅包括人，还包括物。物联网实现了人与物及物与物之间信息的交换和通信。②物联网是互联网的延伸拓展，其核心和基础仍然是互联网。

物联网是新一代产品变革的重要方向，对于深化供给侧结构变革及产业化转型升级，都具有很大的推动作用。人工智能是物联网核心技术的驱动力，其发展与物联网息息相关，当下物联网的特征为一对一或一对多的智慧连接，对应的人工智能技术处于弱人工智能阶段，从一定意义上来说，还有很大的发展空间。物联网的感知层产生了海量的数据，将会极大地促进大数据的发展，同样，大数据应用也发挥了物联网的价值，反向刺激到了物联网的使用需求。

物联网将最新的技术融入并应用于各个行业，准确地说，就是把感应器嵌入各种物体中，再将物联网与现有的互联网整合，将现有社会与网络系统进行连接，在这个过程中，需要承担力极强的中心计算机群，能对互联网下的大量数据进行汇总、整合、分析，进行基础设施的实时掌控，在此基础上，人类可以将生活更加精细化、多元化和智慧化，使资源利用最大化，以提高生产力和生活水平。

价值创造完成高需求

通过应用场景去实现不同目的，满足不同需求，只有对准场景才能抓住大众需求的本质，满足用户体验，实现物联网的价值最大化。

消费者最能被性价比极高的产品所吸引，如果将物联网、云控制和智能手机管理与低成本材料设备结合，在最大限度节省成本的基础上生产出高性价比产品，这对消费者及企业都会产生极大的吸引力，也能打造更具实力的物联网市场，以驱动物联网产品发展。

近年来，物联网被越来越多的企业所重视，用途广泛，对各个领域产生影响，改变大众生活，具有极高的市场价值。物联网涉及的范围越来越广，大部分行业都开始了数字化改革，为谋求发展，企业相继推出物联网项目及计划，为满足客户需求、完善设备缺陷，需要不断进行系统更新，受此影响，也给物联网在运行上带来了许多相关风险。

从个人角度来说，庞大的互联网及快速普及的物联网，对用户在网页上的安全保护有很大影响，整个互联网需要更全面、更安全的监管体系。

一定意义上，物联网本质还是互联网，只不过是将互联网得以延伸的一个产物。互联网终端是计算机、服务器，当下网页运行的所有程序都在计算机和网络中进行数据处理及传输，除去计算机没有任何其他终端硬件。物联网将其升级，终端成为嵌入式计算机系统及传感器，是终端的一个扩展，它应用在生活中的各种设备上，如穿戴、环境监测和虚拟现实等产品，将产品联网，产生数据交换，构成了最初级物联网，以多样化形式为人类提供服务。

物联网助跑新兴产业

物联网区别于大数据和云计算，数据可交易，物联网可通过互联网、广电网络和通信网络等虚拟通道对数据进行计算及传输。物联网是新产业下的重要信息技术，高度集成可综合运用，带动作用大，渗透力强，综合效益高，将会带动中国信息产业的进一步发展，如果将数据比喻成新油田，那么，物联网技术则是提供数据并将其传输到分析引擎进行提炼的油泵。

物联网的发展具有很大前景，智慧城市也是物联网的发展产物之一，多样化电子产物的出现，构成了物联网的消费场景，并服务于大众，同时更多新式物联网设备将会相继出现，这也是物联网发展的必然结果。

英特尔、ARM等公司基本垄断了处理器行业，除去华为研发的鸿蒙系统，微软、苹果、安卓几乎垄断了操作系统。物联网是新兴技术，还没有形成固定市场局面，随着时间推移、技术推进将会拥有更好的发展前景。

随着物联网不断发展，其技术体系逐渐丰富，物联网技术体系一般包括信息感知、传输、处理以及共性支撑技术，产业主要涵盖物联网感知制造业、物联网通信业和物联网服务业。

物联网的应用发展，将极大地推进生产生活及社会管理的精细化、智能化，提高各行业的管理水平，催生更多新技术、新应用和新产品，加速传统产业升级及经济方向的转变，是未来经济发展的重要着力点。

第五章　区块链技术是科技进化的新风口

在信息技术领域，区块链是一种术语，顾名思义，区是节点，块是领域，链是连接，其在本质上就是一个共享数据库，又是分布式数据存储、加密算法和共识机制等计算机技术的应用，具有去中心化、不可篡改和公开透明等特点，保证了区块链的透明化，创造了其面向应用群体的信任基础。

存在性证明，即证明一件事情客观存在过。人类社会为了存在性证明付出了巨大成本，而区块链技术的发明极大地降低了完成存在性证明的成本。区块链技术极具投资价值，因为人类历史上从来没有哪个技术离财富这么近，甚至就是财富本身。

分类与基础技术创新

区块链发展至今受到国内外的一致支持，国家互联网信息办公室2019年1月10日发布《区块链信息服务管理规定》，自2019年2月15日起施行。

区块链底层是代码逻辑，中层是哲学思考，顶层是灵魂信仰。区块链目前分为行业区块链、私有区块链和公有区块链三类，其中在广义上分为混合区块链和私有区块链。

行业区块链由群体内部指定节点作为记账人，共同参与共识过程，其他节点参与交易，但不过问记账过程，任何人都可以通过该区块链开放的API进行限定查询。

私有区块链本质上是私有的，访问权经各方认证限制仅对指定用户开放，私有区块链无论是公司还是个人都可以使用区块链技术进行记账，与其他分布式存储方案并无太大区别。

公有区块链是出现最早且应用最广泛的区块链，世界上的任何组织及个体都可以通过其进行交易，且交易能够在该区块链内得到有效确认，访问公有区块链仅需一个客户机，用户接收、发送和存储数字资产都可以通过该客户机完成。公有区块链是分布式结构，没有一个实体“拥有”网络，不会集中存储所有数据，从技术上讲，公有区块链上的每个节点都有数据库副本，使得网络中的所有参与者拥有平等权利。

如果互联网技术解决的是通信问题，那么区块链技术解决的则是信任问题，对于没有信任基础却仍想进行交易的各方来说，区块链就是最佳选择，针对交易问题，区块链也进行了很多创新完善，力求最大限度地保障用户权益，且数据受先进技术的保护，免去了数据丢失及泄露的风险。

传统的中心化记账方式是由单一节点进行独立记录账目，出于各种原因节点记账会有做假账的可能，而分布式账本的出现为交易记账提供了不同节点，且每个节点都能记录完整账目。记账人可以在相互监督下进行交易，可以共同为其做证。另外，记账节点数量多，除非所有节点被破坏，否则就不会丢失全部账目信息，保证了账目数据的安全完整。

混合区块链的一个关键优势就是它能够在封闭生态系统中工作，同时也具有与外部世界的通信能力，这意味着企业或组织在利用区块链技术维护隐私时不必担心信息泄露。

混合区块链的特点是不对外开放，能保证数据的安全性、完整性（防篡改）和透明性等。混合区块链具有可支配性，成员有权选择交易的参与人员及交易是否公开，对于没有公开的交易，如果需要，则仍可进行核查。混合区块链中的每笔交易都可保持私有，在需要时始终开放以供验证。区块链共识机制是所有节点共有的，有不同的共识机制，应用于不同场景，防止信息被篡改，当区块链节点数量足够多时，基本不可能发生造假现象。

历程与基础架构模型

区块链的机会犹如1998年、1999年的互联网，在行业发展中不断迭代更新，从技术角度出发可分为三个阶段：区块链1.0、区块链2.0、区块链3.0。

区块链1.0：建立了一套密码学账本，一种不同于传统记账方式的新记账方式，具备去中心化、不可篡改、不可伪造、可追溯的特点，主要应用于支付、流通的场景，但区块链1.0缺乏其他项目的应用开发，总体不够全面。

区块链2.0：在区块链1.0的基础上加入了智能合约，可以进行其他项目的开发。在此基础上也给区块链赋予了更多的功能及应用场景。

智能合约是可以在不需要第三方的情况下保证合同能执行

的计算机编程，并且运行不受任何人为干扰，该程序保证了合同完成后双方不可悔改，只要达成条件，系统就会自动执行指定条款。这就是相较于区块链1.0的最大进步。但区块链2.0也并非十全十美，它无法承担大规模商业应用的开发，尤其在交易速度上有很大影响。

区块链3.0：由区块链构造全球性的分布式记账系统，定义其为“互联网价值的内核，能对互联网中每个代表价值的信息和字节,进行产权确认、计量和存储，实现资产在区块链上的可追踪、控制和交易。”区块链3.0不再局限于金融领域，而是逐步进入其他领域，尤其是在社会治理领域的应用，还有公证、医疗、物流、邮件、仲裁和签证等，范围将扩大到各个行业，区块链技术有望成为未来互联网的一种最底层协议。

区块链技术的真正意义是在整个社会协作网络中起到推进作用，运用技术力量去除中间商带来的信息误差，进行对等的核心价值互换，实现无成本信息机制的建立，最大限度地提升区块链价值。

经过十几年风雨洗礼，区块链技术不断创新发展，过程虽然曲折艰辛，但发展前景毋庸置疑，风雨过后必见彩虹，区块链在磨砺中将会变得更加完善。从基础架构探究，区块链分为以下三个层面：

协议层。它是最底层的技术，又可分为存储层和网络层，协议层通常是完整的区块链产品，可维护网络节点，网络编程、分布式算法和加密签名等技术都可运行于协议层。

扩展层。该层面类似于驱动程序，目的是加强区块链产品的实用性。目前有两种类型：第一种是进行各类产品的交易市场，实现低成本、高收益，但具有极大风险；第二种就是实现产品的扩展开发，不受任何产品类型限制，“智能合约”就是典型的扩展层应用开发，其技术使用也不受限制。

应用层。目前区块链应用还处在初级阶段，市场等待各类应用的出现，以形成扩张之势，让区块链技术走进日常生活，服务于大众。

从目前各大企业的规划来看，其发展规划的列表中均有区块链的出现，无论是世界范围内的微软、摩根大通，还是国内的阿里巴巴、腾讯及京东，都在区块链技术领域布局和深耕。区块链已经逐步应用到日常生活的多个方面，在扩展的同时又可以进一步实现更好的应用，其全面化应用必定能冲击传统商业结构，构建更加安全、透明的社会结构。

核心优势与基本特征

区块链的核心优势

区块链是由多个区块连接而成的一条数据链，想要了解区块链，首先要了解区块链具备的优势，在逻辑层面，区块链是全网统一的；在架构层面，区块链基于对等网络；在治理层面，区块链使用共识算法可以使很多人不能控制整个系统。因此，从各个层面来看，区块链都具有去中心化特性。

区块链凭借自身不可篡改的特性，在未来数字世界中将占有一席之地，相关政策的出台更是为行业落地、应用爆发提供了牢靠的基础。每个区块都有固定的数字信息，通过哈希函数计算出特定哈希值，添加到下一个区块的区块头，成为下一区块的父区块，按此顺序就可以将所有区块连接起来，形成一条完整的区块链。

区块链是如何做到不可轻易篡改账本信息的呢？假设将时间分为六个区块，所隔相同时间进行交易记录为一个区块，其次序可以记作区块一、区块二……区块六。在区块一内的交易数据通过哈希函数计算出固定哈希值，将其添加到区块二的区块头，计算出区块二的哈希值后添加到区块三的区块头，以此顺序进行计算、添加直到区块六。

如果有人修改了区块一的内容，回顾检查时，就容易发现区块二的区块头中记录的关于区块一的哈希值与最新计算得到区块一的哈希值不同，由此就可以知道区块一的信息被篡改过，若篡改区块一的人权限大，同时修改了区块二的内容，这时区块三的区块头哈希值就又发生了变化。

区块链的区块都是不断增长的，新区块会持续出现，如果想要不断进行篡改，就必须获得最新区块的写入权，即记账权。篡改者必须拥有网络中至少51%的节点算力，且通过电力及硬件控制算力的成本十分昂贵，因此可保证区块链信息绝对真实、不被篡改。

区块链实现了交易及区块记录，每一次交易都会导致账本状态发生改变，引起区块内哈希值改变，区块也能反映出交易时间及结果状态。交易通过参与者即消费者使用系统进行创建，区块由记账机构进行创建，每个区块按照顺序串连成区块链，体现区块链本质即为分布式账本，其以去中心化、去中介化的方式，构成一个可靠的数据库。

区块链的基本特征

去中心化。区块链使用分布式核算和存储，不存在中心化管理机构和硬件设施，区块连接整个系统的数据块由各个节点共同维护。

匿名性。节点间交换遵循固定算法，数据交流无需任何信任基础。别人无法知道区块链上每个节点拥有多少资产,以及转账时的对象及金额等,甚至是对隐私信息进行匿名加密，程序会自行判断活动有效性，因此交易双方无须公开身份。

信息不可篡改。信息经过验证再添加至区块后，就会被永久储存，除非能同时掌握系统中51%以上的节点，否则就无法获得最新区块的写入权进行信息修改，这大大提高了区块链数据的可靠性及真实性。

自治性。区块链在采用协商一致的规范协议后，系统中所有节点都能够在信任基础下进行数据交换，由机器进行全部运作，不受人为干扰。

开放性。系统会对交易方的隐私信息进行加密保护，但区块上的数据是对外界公开的，任何人都可以通过公开接口查询相关数据及开发应用，整个信息系统高度透明。

八大法则及应用场景

区块链的八大法则

存储即所有。区块链最主要的作用就是存储，而区块的存在使存储介质和方式发生了改变，存储不再由传统的硬件及管理机构中心化管理，而将所有权交付给个体。

数据即资产。区块链是一种价值链，区块上的数据都因需求而存在，无论对于企业还是个人，都有很大的利用价值，因而又被定义为资产。

行为即市场。区块链的信息内容可以为个体所填充，每个人对区块链信息所做出的填充行为，都可以丰富、扩展区块链存储，加速区块链的落地应用，扩大市场。

共识即法律。成员共识后的结果是规范社区成员行为，认可即生效，反对即出局，拥护即奖励，违反即惩罚。

共识是规范社区成员的一种机制，区块链本身含有的共识机制在实现创收的同时，还将改变某些组织、行业、产业结构，在改变企业结构的前提下，提升企业价值，这对很多小企业来说无疑是一个机会。

通证即奖励。在区块链中个体资产的创造和流通，都以加密货币的形式转移到数字钱包中，机制的无中介化和碎片化为未来社会发展带来全新机遇，同时也成为区块链广泛运用的重要原因。一个通证代表了一个信用值，可被当作信用凭证，通证上有明确的权利和责任，能够进行自由流通。通证也是一种权益证明，如身份证、门票、发票和股权等，明确了资产归属及其主体的责权，都是一种在不同场景下的权益证明。

社区即组织。组织边界将被区块链重新定义，在什么社区决定怎样的组织身份，这种社区型的新型模式可能取代公司制，剖析开来，区块链社区本质就是把组织和公司所有权分散，以碎片化方式分散给社区内每个参与者，公司权力中心崩塌，老板不再是最大的决策者，而变成一个个的社区中心，经全民投票、表决通过的方式解决问题。

节点即渠道。未来，芯片和算法都将双植入每个硬件，成为数据的采集点和流通点，通过碎片化渠道生成，就如同扫健康码进站，扫码者的扫码时间、地点和身体状况等信息瞬间就通过机器被采集，那么这个机器就是一个节点，将每个扫码者的碎片化信息进行整理。

代码即合约。区块链上是代码取代文字的呈现形式，并且可以自动执行，不仅费用低、效率高，而且可以减轻码农负担。

现实世界中，企业间的合作需要拟定合同，区块链可以把合同写成代码自动执行，无法修改，只能遵守约束，对双方企业间的公平公正原则不可违反，与人工智能进行结合，未来区块链世界的仲裁者或许会是智能人，“遥控”社区的准绳则为代码。

区块链的应用场景

区块链存在很多应用场景，在现阶段，区块链产业与应用面临技术出现时间短、产业规模尚小、应用大多处于探索阶段等难题，区块链监管难度大，存在认知鸿沟，应重视基础理论与技术研究，重视自主可控技术与产品研发，可通过加强顶层设计，制定明确发展战略，加快标准与规则制定。区块链在未来领域，需要用投资消费结合的方式进行，消费者同时也是投资人，带来病毒式流量扩张，行业飞速发展，下面就来看看区块链未来的6大应用场景。

金融业。在金融行业应用区块链技术可以解决信息孤岛问题，供应链涉及的多是独自运营的实体企业，企业业务信息涉及商业机密，彼此间缺乏信任，无法在供应链进行协同共享。

信息孤岛问题导致金融机构业务信息的真实性、准确性无法得到保障，需要花费人力进行业务的审核，凭借区块链技术，在保证数据隐私的情况下，可实现链上数据的公开与安全，使供应链上的企业免去信任基础，达成合作。

另外，企业可通过区块链健全企业征信体制，将企业信用、履约能力进行分析，监管部门能对企业的营商环境做到更广泛的了解，实现风险的早发现、早防范。

保险行业。保险公司在引进区块链技术后，能极大地增强风险管控能力，且保险行业发展愈发多元化，业务不断增多，事中管控很有必要，保险公司可以将日常业务转移到区块链上，设置所有记账节点，以便更好地掌握公司资金去向及投资理赔等问题，提升保险公司的风险管控能力。

物联网。当区块链技术应用到物联网行业时，设备之间以分布式网络进行连接。随着极速浏览计算需求的增强，物联网设备增多，无需集中式服务器充当中介，智能设备之间便可建立点对点的直接沟通，实现了智能产品的低成本、高效益。

物流供应链。当区块链应用到物流行业时，可以获得一个公开、透明、安全的信息平台，实现产品实时查看、降低物流成本。区块链可溯源的特点使商品运输过程公开透明，供应链管理效率更加高效，当发生纠纷问题时，追查举证也更加清晰便捷。

区块链公开透明的特质，使人们可以进行任意查询，商品造假概率大大减小。信息的不可篡改也保证了已销售产品信息的永久保存，商家无法通过复制防伪信息的简单操作进行二次销售，从生产商到消费者手中物流环节中所有节点都被记录，商品信息不可被篡改。

教育行业。将区块链融入教育行业，在学生的升学过程中，将个人档案、身份认证及学习经历等重要信息进入区块记录，可防止时间过久导致信息丢失或他人的恶意篡改，在未来的企业招聘中，能更真实地了解应聘者的升学经历，有效地避免学历造假的问题。

房地产行业。购买商品时消费者通常会货比三家，房子作为重要商品，选择时必然更加谨慎，在买房或租房时，大部分人会选择上网搜索房源信息，通过中介花费大量时间和精力，进行房源考察，过程漫长，耗时耗力，并且第三方会收取费用。

如果房地产交易平台融入区块链，则可将房产地理信息、房价等细节记录在数据库，健全房产所有权体系，进行公开透明的交易，将交易的有效信息保存在数据库。区块链节点做了精准记录，确定房屋归属权，减少产权纠纷，为消费者和房地产方减少隐患，简化交易流程，优化整个产业链流程，解决每个人在房地产领域面临的各种问题，实现社会效益最大化。

区块链应用产业未来与物联网、大数据、人工智能的融合发展，将逐步由金融业向物联网、医疗健康等多元化领域渗透。

新兴行业瓶颈与发展

区块链技术发展是亮点、热点，许多企业已加速将其运用到自身产业以谋求新发展，但区块链技术还存在一些问题，需要认真思考和妥善处理。当前，区块链尚未建立统一标准，是一个模糊的概念，既没有行业内部明确的定位，也没有权威机构对区块链进行评定，虽然区块链技术已经逐渐被大规模推广应用，但市场上仍有一些区块链技术产物，无法进行有效的产品质量测评。因此，区块链行业尚未达成共识，缺乏在特定方面的思路和目标，仍存在很多问题。

可规模化推广的区块链典型创新应用极度匮乏，任何新技术从产生到规模化应用都需要一定时间的探索过程。区块链技术的应用在金融领域目前仍停留在试点测试阶段，典型的创新应用缺少，技术成熟度和应用场景挖掘能力的缺乏，是导致该问题的重要因素。

一方面，区块链自身技术成熟度有待进一步提升，如信息安全防护能力、系统吞吐量等问题有待加强，区块链技术需要不断进化发展与完善优化；另一方面，当前区块链技术对于金融机构挖掘创新业务场景的能力相对不足。

区块链的效率制约着自身的发展。区块链的每个节点都应系统要求进行数据备份，如今每天都能产生海量数据，随着时间的推移，区块链存储将产生很大的问题，在大规模工业级方案上这个问题若不能及时得到解决，将会限制区块链在高频交易场景中的广泛应用。

区块链上数据与区块链下信息一致性难以保障。区块链上记录数据的真实性、完整性和不可篡改是区块链技术能够保障的，但因为线下承兑、实物交付等场景难以覆盖所有业务流程，所以有可能出现区块链上数据和区块链下资产实际信息不一致的情况。

例如，在基于区块链技术的数字票据应用场景中，利用区块链技术能够保证区块链上数据的完整性和不可篡改，确保区块链上业务流程公开透明，但无法保证真实数字票据在区块链下的承兑情况。解决该问题可借助物联网等技术手段，在区块链外信息数字化上链过程中，减少人为干预，保证相关信息真实可靠。

节点规模、性能、容错性三者之间难以平衡。区块链的核心技术之一是共识算法，共识算法目前在节点规模、性能、容错性三者之间难以平衡。工作量证明（Proof Of Work，POW）的算法在参与节点数量和容错性上有较为明显的优势，这是通过工作量来证明的，但是需要通过大量的散列函数计算并等待多个共识确认，共识达成的周期相对较长，每秒交易数量少，无法满足金融交易需求，但是拜占庭类共识机制的算法能较大地提升性能，每秒交易数量大幅提升，但在一定程度上降低了容错性，且当节点数量超过一定规模时，性能也会大幅下降，如何处理三者之间的关系成为当前区块链技术发展急需解决的问题。

缺少统一的区块链技术应用标准。节点数量、业务逻辑、网络环境和共识算法等因素对区块链平台性能影响较大，且各方产业缺乏统一的性能评价标准，部分区块链服务供应商经常会做出不切实际的宣传，金融机构也难以辨别不同区块链在平台性能、稳定性等方面的优劣，有可能做出错误判断，从而会给技术选型、应用场景选择带来困难。此外，在应用、安全、互通等方面区块链技术也缺少统一应用标准来维持区块链稳定发展，为区块链技术的跨链互联、场景拓展和产业合作在很大程度上带来不利影响。

区块链网络是去中心化的分布式系统，其各节点在交互过程中不免会存在相互竞争与合作的共生博弈关系。区块链共识过程本质上就是一个公司或机构把由员工执行完成的工作任务以自愿的形式外包给非指定的大众网络的过程。

怎样设计共识与激励相容的机制，使得分布式系统中的节点自发地实施区块数据的记账和验证工作，并提高系统内非理性行为的成本以抑制外来攻击和维护系统安全性，这也是区块链有待解决的重要科技问题。

任何技术的发展都不可能是一帆风顺的，区块链现在正处于初级阶段，虽然有很大的成长空间和发展前景。但从当下来看，这一技术无论是成熟度还是商业落地，都还未完全成型，市场正投入大量的资金和精力在该区域进行研究，依托行业标准和政府监管，区块链将会不断完善并达到行业标准。

2017—2020年是区块链技术概念的验证过程，金融行业开始将区块链技术融入其有限业务中，其他行业也开始认识并尝试接触区块链，在区块链开始试验开发的同时，也开始搭建出专业平台，区块链的良性发展取得了肉眼可见、无法抹杀的进步。但不可否认的是，面对眼花缭乱、应接不暇的区块链项目，影子与幌子、问题与弯路、骗局与无知也相伴相生，干扰和阻碍着区块链的健康发展。我们的参与是做先驱还是做先烈？我们的选择是受益还是受伤？我们的结果是出彩还是出局？我们的参与是踏准还是踏空？我们的初心是投资还是投机？我们的贡献是纠偏正向还是纠结回报？所有这些需要创业胆量和超级魄力，需要严守法律和专业指导，需要火眼金睛和万般挑剔，需要干净利落和刀下见菜，更需要统一监管和理性拥抱。

2020—2025年，将看到区块链带给企业的诸多变化，区块链以它得天独厚的技术优势，在部分新兴行业开始崭露头角，如存储、共享经济和储能等领域，在这一段时期内，将会出现一大批应用型区块链产物。

可以肯定的是，区块链产业在未来的发展必定不可估量，在全球技术发展上，区块链冲在前方，开辟了国际技术竞争的新赛道，在创新创业的道路上，通过技术融合扩展应用的新方向。在未来几年的发展中，区块链将与实体经济广泛结合，落地成新应用，在发展区块链技术的同时，促进实体经济的发展，在打造新型经济平台的同时，扩展共享经济的新道路，区块链将加速数字化进程，进而促进实体经济发展，同时也积极推进数字经济的发展，应不断完善区块链的监管体系和标准体系，夯实其产业发展基础，打造新型数字经济社会。

2025年后区块链经济将呈现井喷式增长，势头必定赶超之前互联网经济的发展，基于区块链、人工智能和物联网等一代新型技术发展经济模式。

区块链＋大数据、区块链＋物联网、区块链＋人工智能、……新型技术将形成合力，以排山倒海的姿态冲击各个行业，并对传统经济体系结构进行改造，重塑新的经济生产关系，重新定义商业模式。

区块链发展不断经历着摸索、试错，只有发现问题，才能不断加深对区块链的认知，无论如何，区块链对经济发展的价值已经充分被社会认同，也在不断改善全球生态的价值，“区块链+”将更好地服务于社会，创造价值于大众。

第二篇

数据存储的现状

大数据、人工智能和物联网等的出现，令数据无处不在。在互联网高速发展的时代下，数据存储需求量呈指数级增长，数据从某些方面讲其实就是“生产力”，而这些数据的存放及处理显得特别重要。从硬件内存到被国内各大巨头所垄断的云存储市场，数据大爆炸时代已经来临，这些中心化的存储能满足人们的需求吗?

数据呈指数级增长，服务器的负荷越来越重，价格也越来越贵，这使得网络早已不堪重负。互联网数据问题事故层出不穷，在此背景下，IPFS分布式存储就诞生了，IPFS更符合这个互联网时代的需求。

第一章　中心化存储——不堪重负

随着互联网与通信、人工智能、物联网、云计算和边缘计算等技术的发展，数据从内部小数据转变为多元化大数据。据统计，2020年，全球产生数据总量达到58 ZB，预计未来该数据将增长3倍，并在2025年达到或超过163 ZB。

目前全球的数据存储只达到了7%，但是数据还在不断增长，存储比例却不断下降，由此可见，当前的中心化存储无法满足如此迅猛的数据增长速度，因此，想要促进未来存储发展，就需要探索新方式。

Web的进化，Web 1.0时代仅能在页面读取有限信息，对用户来说只是部分信息点。发展到Web 2.0时代则使用户拥有更丰富的感官体验，无论是国内的新浪、微博、微信，还是国外的谷歌、推特、脸书都将用户间的距离不断缩小，关系更加亲密。文字、图片、短视频等新兴产品也给用户带来了更好的体验感、参与感。

Web 2.0使更多用户拥有将自己的信息上传并与他人分享的主动权，用户需求不断升级，参与度大大提高，但实际上越来越多的云服务商或寡头控制了互联网络，像谷歌、脸书、新浪微博等，一方面控制数据，另一方面故障频发，未来Web 3.0的愿景就是为打破这种现象，打造一个分布式、更能容错的网络，使用户拥有更全面的体验、更愉悦的享受！

在未来的Web 3.0架构下，大量智能设备接入网络，产生实时海量数据，在这种情况下，中心化存储显然已不能满足网络存储需求。未来数据存储系统不仅要做到数据存储、共享、读取，还要做到高效准确的数据传输分析，这也给中心化数据存储提出了巨大挑战。

新基建带动数据爆发

2015—2017年这3年间产生的数据是人类历史上40 000年所有数据的总和。随着5G时代的到来，人们正式进入了数据大爆发的时代，意味着上传、下载会更快，数据产生的速度更快，需要存储的地方更多，存储方式更便捷，总而言之，数据存储变得越来越重要。

随着数字经济的到来，数据已成为了新的生产资料，其重要性不言而喻。随着社会数字化转型加速，数据量开始加速爆发式增长，与此同时，数据存储技术仍有待改进，因此，需要全新的数据存储解决方案来解决持续扩大的存储需求。

大数据、人工智能、物联网等新技术在各个领域的普及应用，加剧了数据暴增的问题。随之而来的存储问题，也让其在管理和价值挖掘方面变得愈发复杂困难，这意味着数据基础建设及存储将迎来一个重要变革期。

新基建融合大数据、人工智能、物联网等技术，成为未来科技发展的新风口，新基建一经出现便迅速成为社会各界关注的焦点，也因此加速了其在各领域的发展建设。可以预见，新基建将带动海量数据增长，设计新型存储系统以满足海量数据高效存储成为一种必然的趋势，必须通过系统的方法构建存储体系，以满足数据容量的要求。大容量的存储设备出现将会衍生出更大容量需求的应用，为企业未来发展提供巨大驱动力，但同时企业在数据存储及管理方面将会遇到新挑战。

企业数据存储需重视。企业数据存储能力的高低，从客户角度来看，性能需求和数据服务能力尤为重要。银行核心系统、医院、制造业等，都需要存储系统具备运行高效率、低延时等特性。新冠疫情的突然爆发，让数据存储一时间产生了大量情景化需求。

从企业管理运营来看，数据智能管理、大数据、物联网等全新应用及数据处理模式的出现，要求不同存储平台为不同的工作服务。存储智能化识别和判断技术，可以加速优化存储过程，另外，在日常数据的运维存储工作中致力将复杂工作自动化、智能化、管理现代化也是企业需要注重的问题。因此，智能化运维解决海量数据的管理将成为新的趋势。

同时，基础架构的稳定，对于企业业务的连续性有着十分重要的价值，要求系统能够提供空间缩减、三站点容灾、多重数据保护等能力。

从技术层面来看，当下企业的数据呈指数级增长，类型愈发多元化，这要求数据存储的稳定性和可扩展性必须不断进化和升级，创造更加优质的存储介质，同时也不断进行存储架构改造、重构，在满足当下需求的基础上，寻求未来更大的发展。

小贴士

中心化存储及硬件存储的空间具有局限性。云存储则是将数据存储在由第三方托管的多台虚拟服务器上，我们熟知的云存储服务商有百度云、阿里云等。云存储作为快捷、高效、低成本的存储方式，深受企业及用户的青睐。而以上的方式都是一种中心化存储，有的甚至已经不堪重负。

云存储是基于云计算（Cloud Computing）建立的网络存储技术，可将网络中的不同设备通过应用程序连接，进行协同工作，对外提供数据存储和业务访问，简单来说，云存储已经成为一种服务，即为用户提供存储和访问的服务。

云存储是当前中心化存储最主要的存储形式，是以数据的存储和管理为核心的云计算系统。简单来说，云存储就是将存储资源分享到一处存储空间，用户可以在任何时间和地点，通过任意可连网络装置访问该空间。

中心化的云存储可满足日常存储需求，用户将数据存储在云服务平台，实际上是将数据存储于中心式服务器。随着互联网普及，大量的多媒体信息造就了海量的非结构化数据。许多公司的商业数据，个人的照片、音乐等，都需要存储于网络，以便能随时使用。

目前云存储发展迅速，给社会带来了无法预估的数据财富，云存储服务商们竞相抢夺资源，其中不少企业因为数据存储得到不菲的收益。

国外的十大云存储服务商为亚马逊网络服务、Microsoft Azure、IBM、谷歌云平台、Salesforce.com、Adobe、甲骨文云、SAP、Rackspace和Workday。国内的十大云存储服务商为阿里云、百度云、腾讯云、华为云、天翼云、七牛云、网易蜂巢、UCloud、金山云和华云数据。

互联网发展已经渗透在日常生活中，随着社会数据化发展，互联网逐渐显现出弊端，当下互联网存储以中心化为主，中心化存储用户可以将自己的数据文件传输到网盘中，节省移动设备的空间，可以快速便捷访问网盘中的内容，但实际上，网盘管理员可以从服务端中直接查看或删除用户上传的文件，这也就造成用户隐私信息没有真正意义上得到保护。

当前，中心化云存储就是将存储资源放入云端以供存储，而这种中心化云存储方式将使数据更加集中化，涉及的数据量也将增多，海量数据集中存储，数据安全、隐私等问题都面临着巨大风险。

尽管云存储行业已经趋于成熟化，但是改善并提升云存储服务依然刻不容缓。全球互联网的域名解析服务根源上是由13个根服务器所提供的，同时主要的云服务也是由几家重要的云服务商所提供的，像亚马逊、谷歌、IBM和阿里云等，提供云存储的服务商数据都是高度集中的，这些服务商控制着运行在服务器的所有数据，集中化处理方式带来了不少弊端，不仅是存储设备，还有数据安全、数据隐私和数据所有权等相关问题。

服务器中心化弊端愈加凸显

对许多服务器商来说，他们在提供服务器的同时，也在对服务器中所存储的数据进行分析，类似于大数据技术，在售出服务器后，服务器商可以对其存储的数据进行访问分析，甚至出售。网页中重复推荐搜索过的内容，购物平台上显示搜索记录中的商品，在一定程度上都是因为存储信息的公开。

中心化虽然提供了很大的便捷，但是用户的个人隐私在使用时已经被悄悄泄露，中心化利弊分明，用户可以看到自己想看到的，同时也要承担享受便利带来的不利因素。

部分机构为了获取更大的利益，在中心化集群前截取HTTP消息包，窥探用户生活。黑客们利用分布式拒绝服务（Distributed Denial Of Service，DDOS）等手段攻击中心化的服务器集群，造成网络瘫痪的案例屡见不鲜。

阿里云、AWS、谷歌云的服务器均出现过故障。2018年6月27日，阿里云官网的控制台出现问题，7月17日，AWS管理控制台间歇性失灵，7月18日，谷歌云平台全局负载均衡服务发生中断，造成巨大影响。

2018年，媒体揭露称一家服务特朗普竞选团队的数据分析公司Cambridge Analytica获得了脸书50 000 000用户的数据，并进行违规滥用，脸书违背了用户协议，对用户隐私造成了侵犯，遭到了舆论的强烈批评。

2020年，云备份提供商SOS发生了大规模数据泄露。同年4月新冠疫情期间，世界卫生组织数千名员工的邮箱密码遭到泄露。

2020年8月31日上午，新西兰证券交易所网站的市场开盘交易遭到连续5天的攻击。8月25日，新西兰证券交易所遭到分布式拒绝服务（DDOS）攻击，迫使交易所暂停现金市场交易1小时，扰乱了其证券市场的正常运行。

2020年10月22日，据NBC新闻网报道，美国一家网络公司Trustwave发现一名黑客正在出售超过2亿美国人的个人识别信息，其中包括1.86亿选民信息注册数据，尽管网络公司Trustwave表示他们识别出的大部分数据都是公开的，是合法企业定期买卖的，但事实上，大部分有关姓名、地址、电话号码及记录信息数据都在暗网成批出售。

网络应用特别依赖主干网。当主干网因为不可抗力因素造成拥塞或宕机等问题时，将无法继续提供服务，连带其他应用和设备也会受到影响，互联网是人类历史上最伟大的发明之一，自问世以来，不断改变着人类生活，现代社会几乎所有人都在享受着互联网科技带来的便利。

但万物皆有两面性，人们在享受着互联网带来便利的同时，也应该看到它本身存在的许多弊端。作为互联网巨头，阿里巴巴的服务器机房等级在全球范围内属于领先位置，其网络保障、数据安全都是顶级水平，但是在购物节活动期间涌入海量流量时，也不一定能保证系统的正常访问，尤其是秒杀商品时，很多商品的页面卡顿致使用户无法进入，等到系统恢复时想要的商品已经断货，因为这些问题导致许多用户无法拥有愉悦的购物体验。

2020年6月9日，日本本田公司遭到软件攻击勒索，软件传播到本田整个网络，影响了计算机服务器、电子邮件及其他内网功能，给许多国外工程也造成了生产问题。主干受到损害，衍带着其他的应用及设备都会受到相应损害，这是中心化存储当下存在的很大问题。

数据安全是存储的永恒主题

数据安全可以从以下两方面进行分析：

用户的操作安全。大多数云存储都设计了多客户端数据同步机制，一般以最后一次更新为标准，其他客户端开启时自动同步。

当用户在公司编辑完某个文件后，回到家中再次编辑，那么当再次回到公司时该文件已是昨晚在家更新过的，这是理想状态下的情况，然而，很多时候在用户编辑完文件后，发现编辑有误，想重新编辑存在公司的文件版本时，可能因为不支持版本管理，所以云存储中的附本也已经被错误更新了。

同理，在删除文件时，如果没有额外备份，就算到网盘回收站中找寻也无济于事，版本管理在技术上并不存在问题，但是会加大用户的操作难度。在市场上的云存储服务商中，只有少数私有云提供商能够给予版本管理有限的支持，多数情况下这种覆盖是时常发生的。

服务端的操作安全。从云存储发展至今，云存储服务器早已经成为了黑客入侵的目标。在大的云存储服务器上存有很多的用户数据，对此类大用户群服务的劫持更是黑客收入的重要来源，就此而言，服务器的安全性直接影响着用户上传数据的安全。

个人隐私泄露不容忽视。有很多移动平台用户喜欢将自己拍摄的照片和视频通过云存储快速上传到网盘中，但用户不知道的是上传的照片或其他文件在云存储的服务端都有可能是明文保存的，管理员可以从服务端平台上直接查看和删除用户上传的文件。

这些文件中可能含有用户的机密文件或用户隐私，中心化云存储机构能一览无余地查看到用户的资料，因此本质上用户隐私得不到绝对保障。

永久保存是数据存储的瓶颈

互联网经过多年的飞速发展，产生了大量的数字化数据，这些数据被存储在各个中心化服务器中，但最后都会因为无人管理和存储费用昂贵，导致大部分数据消失。

因为网站需要大量的用户访问量来提升流量，获得盈利，所以如果没有足够的访问量和用户量，网站就会因无法支付服务器费用而关闭，所有历史文件都会在服务器上被永久删除。网页的保存寿命有限，因此，很多数据不能得以永久保存，这与中心化服务器存储成本较高也存在许多联系。

2021年3月10日，欧洲最大的数据中心运营商OVH位于法国斯特拉斯堡的机房发生火灾，该区域4个数据中心受损，尤其是SBG2数据中心被完全烧毁，这场火灾持续了6小时，对欧洲范围内的大量网站造成严重影响。经Rust旗下工作室证实，25台服务器被烧毁，他们的数据也在这场大火中全部丢失，即使数据中心重新上线，也无法恢复任何数据。

2018年8月5日，“前沿数控”技术新媒体发文称，在使用腾讯云服务器8个月后，存储在云服务器上的数据全部丢失，而且备份的3份数据也全部离奇丢失。据悉，此事是受物理硬盘固件版本的缺陷导致的静默错写，文件原始数据损坏，“前沿数控”对此提出了1 000万元的索赔。

2018年7月20日，腾讯云发生数据丢失事件，腾讯在公共报告中表示，“数据丢失是因为磁带静默错误，导致单副本数据错误，再由于数据迁移过程不能够规范操作，导致异常数据扩散到三副本，使客户数据的完整性受损。”简单类比来说，就是电脑中的C盘底层错误，导致数据读写异常，加上数据迁移过程中的违规操作，导致客户的系统和数据丢失。

服务器的价格过于昂贵影响了价值效应。大部分的Web网站服务器都被Google、Microsoft、Amazon、Dropbox等所占据，具有中心化性质，如果某天这些服务器罢工，用户将无法访问这些服务器上的任何内容。海量数据存在于这些大型服务器中，因为中心化性质，政府可以通过服务器进行数据审查和网站访问，黑客也可以通过只攻击这部分服务器达到目的。

互联网应具有开放性和包容性，如果受制于中心化会在很大程度上制约其未来的发展，且大量的服务器需求掌握在少数生产厂商的手中，昂贵的单一化设备会使服务器市面价格攀升，定价不合理，导致存储成本十分昂贵，最后这些昂贵的支出都会反馈到网络用户身上，网页中出现越来越多的广告，极大程度地降低了用户的上网体验。

存储服务器无法在性能、容量、价格之间做出合理定位，常常迫使企业在选择时难以做出取舍，将数据移至大容量存储器可以降低相应成本，但其延迟性问题将严重影响数据的响应力和生产力，这种情况要求数据存储必须进行创新改革，以同时实现存储的高效率、灵活性。

存储模式短板造成发展受限

在当前的互联网环境下，为满足公众的云存储服务，服务商每年投入数亿资金，却仍对云存储盈利模式不够清晰。在这种情况下能提供这种大量资金投入服务的服务商还能坚持多久？这种服务后期是否收费？是否会因为亏损问题而被迫停止运营？已有的用户数据向何处迁移？数据安全又由谁负责？

这些都是云存储服务提供商所面临的困境，因此存储技术的发展即便是到了今天仍然面临巨大的挑战，这些问题除了人为因素还与中心化存储的运营和管理有着很大关联，要想彻底解决这些问题，就必须从分布式存储的角度入手。

当越来越多的区块链应用落地，人们才逐渐发现弊端，那就是数据的存储问题。很多应用采用区块链仅仅是使用其加密、时间戳、不可篡改等特性，应用本身还是依靠中心化存储和运算。这些应用本质上不是中心化应用，却在中心化运行，只是戴了顶区块链的帽子而已，因此说区块链技术下的分布式存储发展任重而道远。

互联网平台所提供的网络服务在时代变化中经历了以下两种模式。

网络服务集中化。早期网上购票12306只有一个中心服务群，所有买票流程直接搭载在一个服务器上，承载压力十分大，却没有办法做出改变，在给购票中心带来压力的同时，也给乘客购票带来了很大问题。

分散集群。各个网站建立不同区域下的服务群，背后的机房会在一个区域内让同样的服务进行分散，以减轻中心处理器的压力。

这两种模式都会产生一些弊端，首先,集中化处理服务器高度依赖中心网络，中小型公司尚可，但无法在大公司运行，运维中有一种系统叫服务等级协议（Service Level Agreement，SLA），稳定性如果没有达到99.9%基本不合格,且SLA消耗成本大,公司需要请专业人员去维护，以保障系统稳定性。在第二种模式下，存储数据丢失的风险较大，如果有人将电缆挖断或员工恶意删除数据库，都会给公司带来很严重的问题，并且这两种模式下的带宽成本很高，会造成带宽资源的浪费，运营商就无法从中获取可观的盈利，同时也让企业在数据存储及管理方面遇到了新的挑战。数字化转型在数据存储领域将面临以下三大挑战：

管理效率低，运维操作复杂，消耗人力、时间，同时，发生存储故障影响很大，也不能保证修复时间。

数据中心存储效率低，数据流动困难，不仅资源利用率低，也很难提取到有价值的数据。

多个云存储平台，信息不易整合从而会形成孤岛，不能实现存储资源的共享，难以快速发展。

当前，关于中心化存储所存在的问题和弊端，愈发受到人们的重视，在日常使用的过程当中，中心化存储网络一旦出现故障，对信息、数据以及存储网络的利益相关者都会带来很大影响，因此，数据的安全存储至关重要！

传统存储存在隐性版权风险

国内的网盘服务中版权相关问题已经大范围出现，部分个人或团体会将音乐文件通过云存储上传至网盘中，通过分享的方式传递给其他人，这种特殊的盗版方式使大量版权音乐流出并进行传播。

这种传播方式属于监管的暂时空白，版权单位也注意到了这个问题，并对云存储提供商进行管控，部分云存储提供商迫于压力开始加强存储文件的过滤管理，但也无法从根本上解决这些问题，盗版传播并未停止。

因此应从传播内容的源头上进行解决。首先要建立起一整套影视文件数字指纹签名检验系统，其次需要庞大的运维团队，但各利益团体之间的技术标准短期内难以实现统一，因此在问题得到解决之前，这种盗版文件分享还将持续进行一段时间，面临侵权问题的不仅是用户，还有云存储提供商。

第二章　分布式存储——惊艳亮相

小贴士

分布式存储是把内容分散到网络的许多节点上，即使一个节点发生故障或被封锁，另一个节点也可以轻易地取代它。同一网络上的节点可以直接共享文件，效率大大提高。分布式系统可基于内容标识符来查找文件。存储系统中双方合作不需要了解对方或寻求第三方的信任。

互联网的诞生就是为了实现真正的信息自由化，因此人类社会正式进入了高度自由的信息交互时代，但当下互联网的进展却不尽人意，大量的私人数据、信息不能由个人支配，反而被少数企业巨头掌握。中心化存储存在传输效率低、容易被黑客攻击、存在大量安全隐患、存储成本高昂、系统易坍塌和数据无法永久存储等问题，面对诸多难以解决的问题，分布式存储顺势而生、惊艳亮相。

分布式存储数据经过加密分散在网络上，而不是存储在单个服务器上，这代表着除了数据所有者之外，没有人可以访问该数据，这种方法是目前最安全的云存储解决方案。

分布式云存储网络将投入大量服务器设备，这说明存储的可用性将大幅度提升，同时大大降低存储数据的成本，因为分布式网络保持着公平的市场价格，所以存储供应商之间存在持续的竞争。

分布式存储打破了中心化存储垄断，将数据分散存储在多台独立设备上，打破了互联网巨头企业的垄断，网络将数据和内容存储在世界每个角落，从而解决了中心化存储的问题。

在分布式存储分散式的方法下，用户的数据上传到云端后会被分割为若干小块，经加密处理，数据被随机分配到全球不同节点上，可大幅度降低隐私数据泄露与数据遭受劫持、篡改的可能性，这与分布式存储的架构及原理息息相关。

分布式存储的架构

分布式存储架构——计算模式（Ceph）

分布式存储最早是由谷歌提出的，谷歌分布式存储的整个架构系统中包含两种类型的服务器，一种类型命名为NameNode，这种类型的服务器负责管理数据（元数据），另外一种类型命名为DataNode，这种类型的服务器负责实际数据的管理。

在分布式存储中，如果客户端想要从固定文件夹中获取数据，将首先从NameNode获取该文件的位置，再从这个位置获取具体数据。在此架构中NameNode通常是主备部署，而DataNode是由大量节点构成的一个集群。因为元数据的访问频度和访问量相对数据都很小，所以NameNode通常不会造成性能隐患，而DataNode集群可以分散客户端请求，因此，通过这种分布式存储架构可以进行DataNode数量的横向扩展，以此来提高承载能力。

分布式文件系统（Hadoop Distributed File System，HDFS）主要用于大数据的存储场景，这种架构主要由四个部分组成，分别为HDFS Client、NameNode、DataNode和Secondary NameNode。一个HDFS集群是由一个NameNode和一定数目的DataNode组成的。

相较于HDFS架构，Ceph存储系统的架构无中心节点，客户端通过设备的映射关系，计算写入数据位置，直接与存储节点通信，免去了中心节点。

Ceph的初衷是成为一个分布式文件系统，但随着云计算的大量应用，Ceph不得不做出改变，最终变成支持三种形式的存储：对象存储、块设备存储、文件系统存储服务。

在对象存储服务方面，Ceph支持Swift和S3的API接口。在块存储服务方面，支持精简配置、快照、克隆。在文件系统存储服务方面，支持Posix接口、快照。但是Ceph相比其他分布式存储系统，部署稍显复杂，性能也稍弱，一般将Ceph应用于对象存储和块存储。

不同于HDFS的元数据寻址，Ceph采用CRUSH算法，数据均衡分布，并行度高，并且在支持块存储特性上，数据可以具有强一致性，Ceph是去中心化的分布式存储，特别是在Ceph扩容时，由于其数据均衡分布的特性，会导致整个存储系统性能下降。

在Ceph存储系统架构中有Mon、OSD和MDS等多种服务的核心组件，针对块存储类型需要Mon服务、OSD服务和客户端的软件。其中：Mon服务主要是服务器和硬盘等在线信息，用于维护存储系统的硬件逻辑关系，Mon服务通过集群的方式保证其服务的可用性；OSD服务用于实现对磁盘的管理及数据读写，通常一个磁盘对应一个OSD服务。

作为开源软件在超融合商业领域的应用，Ceph因为性能等问题被诟病，但还是有许多厂商在Ceph上不断优化和努力。

分布式存储架构——一致性哈希（Swift）

Swift将设备制成一个哈希环，再根据数据名称计算出哈希值反映射到哈希环上，实现数据的定位。Swift也是一个开源的存储项目，主要面向对象存储，用于解决非结构化数据的存储问题。

为了保证数据均匀分配，即当设备出现故障时，在数据迁移过程中保证其均匀性、一致性，哈希将磁盘划分为若干虚拟分区，每个虚拟分区都可以是哈希环上的一个节点，整个环是一个大的区间，首尾相接，当计算出数据名称的哈希值后，就会落到哈希环的某个区间，然后以顺时针方向寻找，必能找到一个节点，这个节点就是存储数据的位置。

一致性哈希可以实现Swift存储的整个数据定位算法。由对象名、账户名、容器名组成一个位置的标识，通过该标识可以计算出一个整型数。Swift可以构建一个虚拟分区表，这个表实质上就是一个数组，根据算出的整数值以及这个数组，用一致性哈希算法就可以确定该整数的位置。

简单来说，分布式存储就是将数据分散存储到多个服务器上，并将这些分散的存储信息构成一个虚拟的存储设备。数据结构大多为非结构数据及边缘化数据，在这样的数据情况下，分布式存储是最优的选择。

分布式存储中分“有状态服务”和“无状态服务”两种。有状态服务，即服务端每次都会记录客户端的会话信息，以此识别客户端身份，利用用户身份进行请求处理。无状态服务，即客户端每次请求都应具备自描述信息，用来识别身份，服务端不保存任何客户端信息。

分布式存储的主要优势是高性能、高可靠、高可用、可扩展和低成本。如果要评估一个分布式存储是否优秀，就可以从这些角度进行分析。

分布式存储的高效管理支持自动分级存储，并且能将热点区域的数据转移到高速存储中，当这些区域不再是热点区域时，就会被移出高速存储，以提高系统运行速度。

分布式存储允许高速存储和低速存储混合运行，当出现未预测到的业务环境或敏感应用的情况时，分级存储的优势就发挥出来了。

与传统存储价格不同，分布式存储采用多副本备份机制，在存储数据之前就对数据进行了分片，再按照一定的规则保存在集群节点上，分布式存储通常采用一个副本写入、多个副本读取的技术，以满足不同应用下用户的不同需求，当读取数据失败时，系统可以通过在其他副本中读取数据并重新写入该数据进行恢复，以保证副本的完整性。

因为具有合理的分布式架构，所以分布式存储可预估存储的容量、性能及可扩展范围。随着新节点的产生，旧数据会自动迁移，使负载均衡，避免单点过热，这是性价比更高的存储扩展，数据迁移到一个新存储系统，故障节点及磁盘无须宕机调换，便可在标准硬件上运行。

新节点和原有集群连接并不会对业务造成影响，整体容量和性能会得到扩展，新节点的资源也会被平台接收，用于分配回收。

当分布式存储达到一定规模时，性能就会超过传统存储模式，且其组建简单、初期成本低、扩展十分方便，可以为数据中心带来更多效益。

分布式存储将文件分解成多个小块，分散存储在不同主机上，而不同于中心存储那样发送给一个企业实体，同时用户的存储数据会通过加密来保证安全和隐私。存储的位置遍布整个网络，通过共享存储空间，每个使用者既是用户也是服务提供者，这与诸如Google Drive、Dropbox或Amazon S3之类的中央服务器上存储文件和信息的方式完全不同。

在互联网的发展过程中，每个人只要上网就会留下大量数据，当个人不能控制自己的数据进行使用和收集时，一些用户数据就会被企业用来获利，而当分布式存储融合区块链技术时，就会实现一种民主化的数据管理方式，将所有权交付到用户手中。

分布式存储由众多节点参与存储，能解决庞大的中心化存储问题及地理位置受限问题，利用区块链技术的哈希算法让文件体积大幅压缩，扩展了容量，同时加密技术让数据隐私性更强，不会被篡改。互联网用户可以感受到更自由、更创新、更民主的存储体验。

分布式存储的优势

云存储高度中心化，且存在很多明显的缺点，相对于中心化存储，分布式存储加入了异地分布区域性和全球性节点这一优势，可以解决诸多问题。那么，分布式存储具体有哪些优势呢?

更安全，更利于保护隐私

分布式存储将数据分散，相较于单一的中心化服务器，分散的数据和网络更安全，也更难以攻击。在去中心化的网络上，数据被分片技术分解并散布于多个节点，这些文件使用私钥加密，使节点无法查看用户的数据。此外，分片只是原来数据的一小部分，所有数据分散化，即使获得部分数据也还是难以掌握全部数据，这将保护数据不会被窥探，通过非对称加密，实现一定程度的隐私保护。

分散数据可以防御多种攻击，避免出现单点故障和个人隐私泄露的问题，数据分块机制和密码学的应用可确保数据无法抵赖和破坏，保护用户隐私和信息记录。

传统中心存储很容易遭受黑客攻击，是因为中心化存储将数据集中化，各个国家的银行系统都被黑客攻击过，更有甚者出现监守自盗的情况，造成巨大损失，而分布式存储将数据切割，分散存储在整个网络上，黑客无法在全网匿名节点逐个展开攻击，破坏数据安全。分布式存储的分散处理数据，可在很大程度上保护数据安全，以防止黑客入侵。

更好的冗余备份

数据存储于不同的节点，通过数据冗余防止数据丢失，不会出现中心服务器中的内容被删除后无法访问的情况，可永久保存。

在分布式存储机制下，用户可通过共享闲置存储空间获得激励，实现中心化存储高额硬件成本的转移，为用户节省成本，与此同时，奖惩机制都是基于智能合约自动判定的，没有第三方机构干预，更排除了人为操作可能带来的风险。

速度更快

由于网络可以首先选择离用户更近的节点服务，所以分布式存储可以将数据从远距离云服务器端迁移到距离数据更近的边缘存储设备或边缘数据中心，以就近原则进行存储，具有更快的传输速度、更低的交互延迟，便捷性极高，同时传输路径增加，也不会造成访问集中化的拥堵，使传输速度更快。

不断提高传输速度，所有存储的文件可以迅速安全地被保护在服务器中，不必担心文件损毁及丢失的问题。分布式云存储并行处理数据的能力，也加快了数据传输的速度，极大提升了用户的操作体验。

海量数据高增长、多样化的信息资产对底层硬件体系结构和文件系统扩展存储容量提出了要求，而分布式存储能适应这种高度膨胀的数据，实现多节点存储。

中心化存储和分布式存储有很大区别，通俗来说，就好比中心化存储是一辆货车，容量有限，无法拉取很多货物，而分布式存储就是一列火车，想要拉取更多货，可以直接加个车厢，每个车厢都有动力，可运送更多货物。

成本更低

分布式存储拥有更高的存储效率从而可降低存储成本，区块链存储成本可将云计算的价格降低50%～100%，从而节省网络带宽资源，降低服务器存储成本。

分布式存储网络利用闲置资源形成交易市场，成本远低于中心化固定成本，并且分享者自由竞价明确最低价格，用户对每个文件的存储可以自定义设置不同的安全等级，花费也不同。

总体而言，分布式存储相较于中心化存储优势明显，首先是安全性高，其次是速度快、效率高，具有更好的冗余性，最后是性价比高，尤其在公有云行业，分布式存储的方法很可能打破行业格局，传统存储服务供应商也将纷纷布局于此。

如果分布式存储数据被大量应用，并且生态系统也已经建立完善，那么必然会挑战中心化存储市场，虽然不会即刻实现，但对比中心化存储市场，分布式存储占有巨大份额，这只是一个开始，参与者应该更好地去思考怎么利用好这个潜在市场，去实现早期红利，未来分布式云存储行业的发展值得更进一步的关注。

第三章　万亿市场蓝海——鹿死谁手

随着互联网时代快速发展，各行各业都在高歌猛进地向数字化迈进，数据呈现出井喷式的增长态势，数据存储需求的魔盒被打开。随着数据存储方式的改进，存储市场由竞争激烈的红海延伸到抢占新型市场的蓝海，传统中心化云存储虽然保持着天然的规模优势，但新型的分布式存储犹如冉冉升起的一轮红日，即将照亮整个存储市场的天空。中心化存储和分布式存储注定会经历并存的过渡阶段，但中心化存储未来终将去中心化，分布式存储必然统霸存储市场。

随着新型技术普及，移动远程工作、视频会议加速迁移至云端，云存储服务的便利逐渐全民化，越来越多的企业运用云存储保存数据。依据2020—2027年全球云存储市场趋势预测，2027

年云存储市场预计将达到272.20亿美元，云存储市场复合增长率为24.41%，与全球数据增长对比，2020—2025年数据复合增长率约为275%，各中心化云存储企业之间为抢占更多的市场蛋糕，早已狼烟四起，竞相在研发、投入、团队、服务及运营上下工夫，但却难掩中心化存储的弊端，随着数据产出量不断加大，云存储规模增长不能大范围服务于市场，更不能满足全球用户的存储需求。

云存储服务目前还存在许多中心化问题，修复能力、服务器和数据隐私安全等问题都需要进行修复，尤其是频频发生的信息泄露事件，让用户信息安全无法得到保障，想多分得一杯羹，在同业竞争者中胜出，解决数据隐私安全问题便成为云存储当下最紧迫的任务。

公共云服务器存在安全漏洞的可能性极高，这大大限制了云存储的发展，即使大多数云存储提供商都提供了保障，但其安全的保护范围仍具有局限性。分布式存储的出现弥补了中心化存储的缺陷，极大地冲击了传统云存储服务，能满足未来市场的存储需求，具有极大的市场价值。在各中心化存储企业激烈竞争的基础上，中心化存储和分布式存储在守与攻、旧与新之间即将上演龙虎争霸的大戏。这真是你方唱罢我登场，城头变幻大王旗，谁胜谁负，时间终将给出明确答案。

最大化“性价比”存储

分布式存储具备区块链特质，可以填补中心化漏洞。其存储网络的拓扑结构可以是P2P网络、用户，也可以是存在几个联盟的中介服务商或运营商的去中心化网络，抛开了单一或寡头中心化存储服务商经营风险。去中心化存储价格优势突出，便于集群化上线后快速抢占存储市场，丰富存储生态。

在中心化数据存储领域，用户为数据存储付费，数据却得不到最佳保护，这一现象必须改变。通过分布式存储，用户可以拥有个人信息的所有权，不仅加密存储、访问和安全备份等特性能加强用户的隐私保护，也能保证数据长期存储，同时在共享模式的普及下，可能会大大降低存储支付的费用，这也将是数据存储发展的必然方向。各大企业应紧抓实时状况，发现漏洞，及时填补，争取最先完善技术，掌握技术先行权，成为行业先行者。

未来集群化的分布式存储企业规模落地，完善服务的多样性后，将会大大降低用户存储成本，直接冲击传统云存储服务。当前分布式存储仍处于起步阶段，但在全球范围内已经产生了许多重量级、革命性应用，美国的微软、谷歌等企业巨头相继展示了自己的存储战略，中国的华为、腾讯、阿里巴巴、京东、百度等科技巨头也不甘落后，踊跃布局IPFS。

抢占科技制高点已成为大国竞争的战略高地。对数据的占有和控制甚至将成为继陆权、海权、空权之外的另一种国家核心资产。美国政府目前使用IPFS技术保存阿波罗登月计划中的机密文件，国会图书馆、万维网等也开始使用IPFS技术进行数据保存。德国航天中心采用IPFS技术存储遥感数据。中国更加重视IPFS技术，鼓励更多重量级科研机构积极参与此项技术的研究。存储市场进入开放竞争的阶段，新兴企业纷纷登场亮相。IPFS分布式存储技术得到越来越多的认可和参与。基于IPFS的分布式存储系统正在为世界所应用，只有持续推进分布式存储生态建设，才能更好地推进实体发展，全力推动社区生态繁荣，进而享受数字化带来的巨大红利。IPFS全球化、分布式存储系统产业化正掀起新一轮财富新蓝海，可以预测，区块链技术上的分布式存储将打开万亿级市场。

致力打造新型存储市场

当观望者还在纠结IPFS是否有发展前景时，科技巨头们已经在看不见的地方展开了布局，利用敏锐的商业嗅觉进行数据存储、生态应用、技术研发等活动，同样，科技巨头们也用实际行动表明，分布式存储的未来势在必行。

未来在Web 3.0时代的大洪流中，海量数据想要被安全、永久地存储，还得依赖分布式存储技术的发展与应用。IPFS被称为是“Web 3.0的一个新方向”，其不仅会颠覆现有的互联网存储模式，也将成为区块链的重要基础设施。

IPFS的出现从根本上改变了网络数据的分布机制，可解决当下的互联网数据存储隐患，让数据存储安全可控，大大降低存储成本。FIL网络被市场寄予了很大期待，有望助力IPFS协议取代传统的HTTP协议并重构整个互联网底层架构。

IPFS的使用场景包含但不限于制造业、教育、金融、广电、医疗和政府等，根据数据研究机构公开的报告，目前全球网络数据依然呈指数级增长，在百ZB的全球网络数据体量里，不盲目预测IPFS的份额，但根据FIL网络现阶段可预见的数据需求量，在FIL上线前的最终测试阶段能达到百PB级，以可计算的数据增速推导，未来一年FIL存储网络将达到EB级，反观目前中心化云存储市场还处于千亿美元级，这受限于中心化的横向拓展性。但EB级的FIL及其背后的IPFS，随着服务层的逐渐完善，将会发展成一个万亿美元级的市场，这中间的收益者包含存储业的上、下游软硬件服务商，更包含由Web 2.0向Web 3.0产品模式转移的各个场景的服务业务。由此可见，分布式存储市场未来将远超中心化存储，将构建一个万亿美元级的分布式存储市场！

分布式存储是数据保护第一道防线，其可以从根本上为数据提供更好的保护。近年来从传统存储到云存储的转移一直是市场热议的话题，随着AI、大数据和5G等高科技的快速发展和落地应用，数据存储方面场景化的刚需呈指数级增长，使得市场需求不断扩大。

未来，分布式存储在技术研究、产业应用方面都还有很长的路要走，但区块链技术应用潜力巨大，我们相信未来可期！同时，IPFS大面积普及，即使全球每个节点参与者只存储一点点的内容，其累计的空间、带宽、可靠性也将远远大于现有的互联网云存储所能提供的。爆发式数据存储推进着相关产业的价值转移，可以预见，分布式存储将创造万亿级的财富。

楚河汉界已然形成，未来谁主沉浮？

第三篇

IPFS——杀手级应用之王

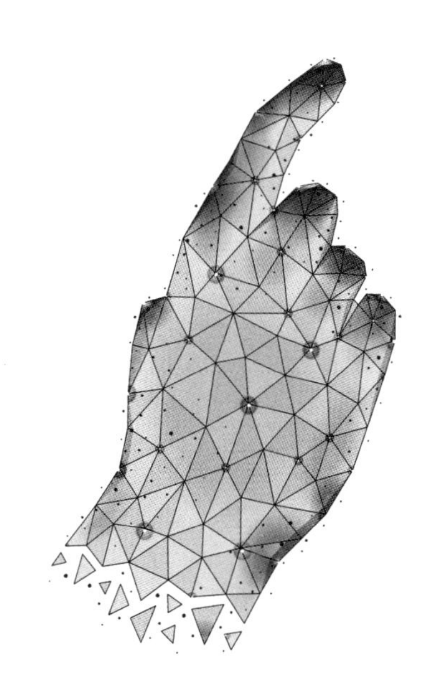

如果没有HTTP，可能就没有互联网的上半场，HTTP在互联网领域产生了不可替代的价值。经过30多年的发展历史，期间不断进行升级优化，HTTP从0.9版本发展至今。而IPFS的起点在HTTP之上，IPFS对标HTTP，用去中心化存储服务取代中心化存储服务，以它自身高性能的优势在存储市场惊艳亮相，涉足各领域，服务应用于各行业。

第一章 没有HTTP就没有互联网

互联网作为人类历史上出现的现象级技术产物，已逐步渗透到人们生活、工作的各个方面。互联网从诞生至今，经历了从无到有、从虚到实、从弱到强、从投机到投资、从技术漏洞到技术迭代的跌宕起伏的发展过程。历史的车轮永远滚滚向前，互联网因革命式的创新，以及凭借技术进步的成果，完成了自身凤凰涅槃、浴火重生的上半场。

互联网将海量计算机、智能移动终端连接在一起，使得用户能够访问存储在其他终端上的数据。数据的传输与访问，是基于HTTP（超文本传输协议）为代表的互联网协议实现的。数据以计算机（服务器）、终端IP（域名）为地址进行中心化存储，具体存储数据的服务器节点如同一个集中式的“库”，这就需要承担巨大的流量访问及数据传输压力。HTTP在互联网的上半场，产生了不可或缺也无可替代的辉煌价值。毫不夸张地说，没有HTTP，就没有互联网的上半场。

IPFS对标HTTP，将提供速度更快、更安全、更稳定的网页。用户只须寻找存储在某地方的内容，这些内容分散在不同的服务器节点，而不是某地址。确认验证内容的哈希，就可以获得相对应的内容。未来分布式存储将重塑产业链价值主张，分布式存储将成为新的核心要素，为社会产业数字化转型带来延伸性经济增长。同样作为互联网的底层系统传输文本，不管是HTTP对互联网做出的贡献，还是IPFS即将颠覆性地深刻影响互联网的发展，在互联网的历史上，注定都是里程碑式的重大事件，要预判IPFS的技术贡献，只须以史为鉴，回顾HTTP的卓越功勋，就能发现IPFS的潜在作用，IPFS被誉为“杀手级应用之王”，从这个意义上来说，没有IPFS，就没有互联网的下半场。

小贴士

IPFS网络里是根据内容选址，只要通过哈希值就可以找到对应文件，这种方式叫作内容寻址。复制足够多的数据，存放在不同的地方，就算黑客攻击时解密了一个文件碎片，也无法获得完整的信息。

HTTP史诗级跨越发展简史

因特网又名国际互联网，其前身是美国建设的军事网——“阿帕网”，始于1969年的美国，后来随着科技发展遍及全球，成为大众传媒的一种，也是一种公用信息的载体。21世纪网络四通八达连接全球，我们在享受科技带来巨大便利的同时，更应该对为互联网带来飞速发展的“技术功臣”进行一定的了解。

万维网（World Wide Web，WWW）加速因特网发展的速度超乎想象，短短10年就发展成为因特网最大的信息系统，得到这样的成就，不得不归功于它背后的一系列协议和标准的支持，其中就包括HTTP。

HTTP在1990年成为WWW的支撑协议，从它的第一个文档化版本0.9至今，已有30多年历史，期间经历了不断的改造升级。

HTTP其实就是如今的网址开头，又叫超文本传输协议，是一个简单的请求响应协议，属于应用层协议，通常运行在TCP上。

HTTP非常灵活，没有过多限制，只要按照规则就可以自定义字段，在传输中可以传输图片、视频、压缩包等任意数据，不局限于文本格式，使互联网的数据形式更加多元化，页面更加丰富。配图的出现便利了许多技术性文本的解读，同时HTTP具有很强的扩展性，用户可以自行进行数据扩展。

HTTP传输的实体数据，可缓存、可压缩、可分段获取和支持身份认证等。因为其简单、通俗，所以HTTP被广泛应用，且系统包含多种语言，使用起来没有语言界限的限制，跨平台性极强。

HTTP支持用户和服务端模式的变换，这为使用者带来了极大便利，在处理数据上，HTTP没有记忆能力，服务器不了解客户端的使用状态，简单来说，当用户给服务器发送HTTP请求时，服务器会根据请求发送回相应数据，但发送完成不会有任何信息记录。

这些特点让互联网的应用功能更丰富，不但可优化用户体验，增加便利，而且能够在更大意义上推动经济、科技的发展。HTTP成为因特网上最大的信息系统，丰富的不止是数字信息，还有世界各地多元的文化，并在一定程度上促进了世界文化的交融和发展，推进了新文化的产生。随着互联网发展壮大、信息时代开启、科技飞速发展、数据爆发式生成，HTTP也在不断进行着创新，在版本持续升级的进程中积极前行。

HTTP的发展简史如下：

HTTP 0.9

万维网协会（World Wide Web Consortium，W3C）和互联网工程任务组（IETF）制定了HTTP标准，但当时互联网还未全面普及，且带宽网速有限，因此在1991年最早的HTTP 0.9版本只能支持GET请求。

HTTP 1.0

1996年5月，HTTP 1.0版本公布，新版本下HTTP协议新增了许多功能。首先是增多请求方式，新增了Post命令和Head命令，不再只是单一的GET请求，还支持任何格式的内容发送，这两项新增的功能不仅使互联网可以进行文字、图像和视频等内容的传输，还丰富了浏览器与服务器的互动方式，为互联网发展做出了巨大贡献。

此外HTTP回应和请求的格式也发生了变化，除去数据部分，每次通信必须包括头信息（HTTP header），用来描述一些元数据。其他的新增功能还包括多部分发送（multi-part type）、多字符集支持、状态码（status code）、权限（authorization）、缓存（cache）、内容编码（content encoding）等。

新版本在优化后发布，虽然新增了许多功能，但是HTTP 1.0还是存在诸多缺陷。首先是连接之后无法重复使用，HTTP 1.0规定浏览器和服务器只能短暂保持连接，浏览器每次请求都需要与服务器建立TCP连接，服务器完成用户请求处理后会立即断开TCP连接，对用户不进行跟踪和请求的记录，如果需要其他资源就必须新建一个连接，重新发起请求。

HOLB是指一系列请求，如果第一个请求被阻塞，而页面需要进行更多资源的请求，HOLB就会达到最大化，未完成的资源无法在其他资源进行请求时发起请求，只能等待其他资源请求完成，这导致带宽无法充分利用，后续的健康请求也会因此受到影响。

HTTP 1.1

为了解决HTTP 1.0的遗留问题，HTTP 1.1版本发布，新版本进一步完善了HTTP协议，并一直被沿用到现在。

首先是处理存储的问题，在HTTP 1.0中主要使用header里的If-Modified-Since、Expires来作为缓存判断标准，HTTP 1.1则引入了If-Unmodified-Since、If-None-Match等更多缓存头来调整缓存策略。

其次是网络连接的使用缓存处理及带宽的优化。HTTP 1.0

中存在一些带宽浪费的现象，例如客户端只是需要某个对象的一部分，而服务器却将整个对象送过来。针对网络请求量爆发的问题，HTTP 1.1在请求头引入了Range头域，它允许只请求资源的某个部分，即返回码是206（Partial Content），这样极大地便利了数据的连接，带宽资源得到了充分利用，使开发者可以更便利地进行自由选择。

HTTP 1.1中新增了24个错误状态响应码，加强了对错误通知的管理，如410（Gone），其表示服务器上的某个资源被永久性删除。HTTP 1.0加入了Connection：Keep-Alive，才能启用Keep-Alive；而HTTP 1.1中默认启用Keep-Alive，因为目前大部分浏览器使用的都是HTTP 1.1协议，默认都会发起Keep-Alive的连接请求了，所以是否能完成一个完整的Keep- Alive连接就需要看服务器的设置情况。

虽然加入Keep-Alive可以重复使用部分连接，但在域名分片等特殊情况下仍然需要建立多个Connection，在耗费资源的同时又给服务器带来了性能压力。

为此谷歌首先提出云计算的概念，且谷歌公司内部信息公开透明，每个人都能了解到公司其他人当前的工作流程及其他信息，为了解决内部系统数据传输慢的问题，谷歌自行研发出SPDY协议，以解决网络延迟,提升运行速度,同时也解决了HTTP 1.1效率不高的问题。

HTTP 2.0

HTTP 2.0 浏览器针对限制同一个域名下请求数量大的问题引入多路复用技术，实现了传输的全速性。谷歌在2009年公开SPDY协议，W3C组织看到了SPDY协议的优势,便将SPDY协议引入融合到HTTP协议中，并发布了HTTP 2.0。

SPDY协议建立在TCP协议之上，相比HTTP 1.0的文本格式，HTTP 2.0采用二进制格式传输数据，解析更高效，同时，还可以支持header压缩，以减少头部包体积。

HTTP 3.0

TCP协议虽然功能很完善，但仍存在局限性。谷歌为了提高Web联网速度，于是基于UDP协议并吸收TCP快速打开的技术，研发出实验性网络协议QUIC（快速UDP互联网连接），并运用在Chrome浏览器上。

兼有QUIC工作组组长和IETF旗下HTTP工作组组长两种职位的马克·诺丁汉（Mark Nottingham）提议，将HTTP-over-QUIC实验性协议重命名为HTTP 3.0，并可能成为HTTP协议的第三个正式版本。但HTTP 3.0也并非十全十美，仍存在诸多问题。HTTP 3.0虽然向更安全、更快捷的互联网迈进了一大步，但其一直存在的部分问题似乎是此类信息协议所固有的，并没有得到很好的解决。

TCP协议存在时间久，对于路由器来说很容易理解，它具有清晰的用于建立和关闭连接的未加密标记，可用于控制和跟踪现有会话。当使用客户端恢复缓存连接功能时，该协议易受到重复攻击。在某些情况下，恶意攻击者会重新发送之前补货的数据包，这些数据包被服务器理解为来自于受害者有效的数据，许多Web服务器不会受到此类攻击的伤害，就像那些提供静态内容的Web服务器一样。

HTTP 3.0是HTTP协议向前迈出的一大步，可能在未来会被继续完善，并得到广泛应用。

HTTP的“三次握手”和“四次挥手”

在理论上，HTTP是请求和响应，因此要通过TCP来创建连接通道，一个TCP通道可以通过多个HTTP请求。要建立TCP连接，需要完成三次握手，如何理解三次握手，这就好比借东西，甲：“请借给我你的笔”，乙：“好的，给你”，甲：“谢谢”。这就完成了整个过程，再说其他话就与借东西这件事没有太大关联了。同理，在建立连接时三次就可以完成的事再进行过多操作就是对资源的浪费。

第一次握手：浏览器发送SYN到服务器，并进入SYN_SEND状态，等待服务器确认。

第二次握手：服务器收到SYN，必须确认浏览器的SYN，同时自己也发送一个SYN，即SYN+ACK，告诉浏览器已经建立联系，可以进行数据传输，此时服务器进入SYN_RECV状态。

第三次握手：浏览器收到服务器的SYN+ACK，向服务器发送确认包ACK，发送完毕后，浏览器和服务器进入ESTABLISHED状态，完成三次握手。

握手过程中传送的码只负责建立联系，在三次握手完毕建立联系后，浏览器与服务器之间才正式开始数据传送。理想状态下，一旦建立TCP连接，若通信双方无人主动关闭连接，TCP连接将会一直保持。

与“三次握手”类似，断开一个TCP连接则需要“四次挥手”，同理于三次握手，但因为TCP是全双工的，每个方向要单独断开，每个方向两次，所以需要四次挥手。

第一次挥手：浏览器发送一个FIN，用来关闭数据传送，即浏览器告诉服务器：不会再发请求了（当然，在FIN之前发送出去的数据，如果没有收到对应的ACK确认报文，浏览器依然会重发这些数据），但是，此时浏览器还可以接收数据。

第二次挥手：服务器收到FIN后，发送一个ACK给对方，确认序号为收到序号+1（与SYN相同，一个FIN占用一个序号）。

第三次挥手：服务器发送一个FIN，用来关闭服务器到浏览器的数据传送，也就是告诉浏览器，数据也发送完毕了。

第四次挥手：浏览器收到FIN后，发送一个ACK给服务器，确认序号为收到序号+1，至此，完成四次挥手。

互联网又叫广域网，是由全球各地语言相互联通，由计算机连接而成的网络。组成互联网的计算机网络包括小规模的局域网及一些大规模的广域网，这些网络通过电话线、卫星光缆和高速率专用线路等路线，把不同国家的大学、企业、政府、军事及科研部门等组织连接起来。

企业都需要运用互联网来进行工作、生活和娱乐，互联网本身就是一个行业，在前进的同时也带动了其他行业的发展。计算机网络仅仅只是传输信息的媒介，而互联网不同，它能提供有价值的信息和服务，是一个面向公众的社会性系统。

全球各地的人们都在利用互联网进行资源共享和交流，互联网是人类史上第一个全球性的平台，为用户提供了高效率的工作环境，人们也可以通过其进行娱乐和消费。

随着技术的发展，上网终端已不再局限于台式电脑，智能手机、平板电脑、游戏机和学习机等智能产品的出现，实现了人类的智能化生活。对于百度、谷歌等搜索引擎来说，HTTPS在网站排名中占有一定地位。HTTPS相对HTTP来说有更好的使用感，需要注意的是，如果网站申请SSL协议证书，启用了HTTPS，就需要将原HTTP重定向到HTTPS。

对于很多人来说，网站无论是使用HTTP协议还是HTTPS协议都没有影响，因为无论使用哪个协议，获取到的内容都是相同的,不会有太大差别。

HTTPS和HTTP相比在于其增加了安全认证通道,确保了用户在浏览网站时，电脑与网站服务器之间的数据交换具有安全性，使用HTTPS访问网站数据会进行加密，哈希算法、非对称加密、数字签名等技术不仅受到了重视隐私的网站青睐,各大浏览器厂商也在积极支持HTTPS的使用。

在HTTPS协议出现之前，浏览器在输入网址后，默认采用HTTP协议进行访问，而现在，包含谷歌浏览器在内的许多浏览器巨头开始默认采用HTTPS协议进行网站访问，而那些没有采用HTTPS协议的网站，会在网址前显示感叹号，表示该网址数据链接没有进行加密保护。

从底层技术上来区别HTTPS和HTTP，HTTPS协议在SSL/TLS上工作，而HTTP协议在TCP上工作，HTTPS与HTTP最大的区别就是客户端到服务端的数据被加密，安全系数极高，即使截获也无法获取数据内容。

虽然相对于HTTP，HTTPS的安全性得到了极大提高，但是它的加密范围比较有限，在黑客及DDOS攻击等方面几乎起不到保护作用。而且SSL证书的信用链体系并不够安全，容易遭受中间人攻击，例如黑客拦截。中间人攻击经常发生在公用WiFi或公共路由上，因此使用公共设备对用户来说还是存在很大隐患。

在成本方面，SSL证书需要购买申请，功能越强大，证书费用越高，且SSL证书通常需要绑定IP，而一个IP不能同时绑定多个域名。

HTTPS所采用的直接缓存比HTTP更为高效，但在使用时耗费流量成本更大，HTTPS连接服务端支持更多访客，容易占用更多资源,网站运维需要投入更多的资金。在HTTPS协议握手阶段，耗费时间长，网站响应速度产生阻力，影响用户体验。根据ACM CoNEXT的数据显示，使用HTTPS协议会使页面的加载时间延长近50%，增加10%～20%的耗电。

总体来说，HTTPS和HTTP在实质上并没有进行太大改变，如果要长期进行使用，还是需要不断进行改进。

伟大从来不会一蹴而就，只有经历了时间的考验、风雨的洗礼，才能得以成就。互联网在刚开始的普及阶段，不被绝大多数人看好，很多人认为网络是虚拟的，只看到了它带来的弊端，认为接触互联网就是不学无术，而在时间的磨砺下，在信息纵横的今天，互联网已潜入每个人的生活，人们将学习互联网作为一个有前景的行业，现在谁也无法否定HTTP的价值。

HTTP发展多年才被得以肯定，而后又因数据处理的发展过快导致弊端显现,又遭否定，面对挑战，HTTP也在不断地完善，尽管并非完美，却瑕不掩瑜，它依旧是互联网的底层骨架。当下绝大多数社会和企业网络业务的运行，仍在HTTP协议下进行，HTTP依旧对互联网发展发挥着巨大作用。

总之，伴随着互联网30多年的发展，HTTP在互联网底层构架完善方面，默默无闻地提供了巨大的生态赋能，才有今天高速发展互联网用户端的多元化良好体验。没有HTTP就没有互联网，是对HTTP至高的荣誉。

第二章　IPFS的伟大在于超越HTTP

星际文件系统协议

小贴士

星际文件系统（Inter-Planetary File System，IPFS）是一个面向全球的、点对点的分布式版本文件系统。IPFS是一个互联网的底层协议，类似于HTTP协议，它的目标是为了补充甚至取代目前统治互联网的超文本传输协议HTTP。

IPFS是一种基于区块链技术的媒体协议，于2014年5月由Juan Benet提出，该协议用分布式存储和内容寻址技术，把点对点的单点传输改变成P2P（多点对多点）的传输。

IPFS和HTTP同时作为互联网的基本传输协议，HTTP刚开始只有GET功能，发展到今天已成为支持整个互联网的底层协议。IPFS一开始的起点就已经在HTTP之上，提升空间将会更大，前期进步斐然。IPFS的出现就如同100多年前汽车的出现，它并不会因为马车夫的愤怒和攻击而慢下来，哪怕是一千米。

如果将HTTP比作互联网的普通道路，那么IPFS就可以被称为互联网的高速公路。未知的发展会带来意想不到的惊喜，但可以预见的是，IPFS未来会接过HTTP手中的接力棒，引领新的互联网存储革命。

互联网正处于上、下半场发展的变革当中。以价值为主的互联网下半场，终将替代以信息为主的互联网上半场。中心化专有服务正在被去中心化开放式服务所取代，可信中心被可验证计算所取代，脆弱的位置地址被弹性内容地址所取代，低效的整体式服务被点对点算法市场所取代。

IPFS根据去中心化网络自身已经证实了内容寻址的有效性，即在全球点对点网络上提供数十亿文件使用的服务。它可解放孤岛数据、留活网络分区、脱机工作、绕开审查并且给予数字信息永久性。

要想完整准确地了解IPFS是什么，就必须先从研读IPFS白皮书开始，现摘要部分白皮书内容（2017年8月14日协议实验室）以供参考。

FIL是一个去中心化的存储网络，它让云存储变身成了一个算法市场。这个市场基于一个本地协议通证（也叫FIL）来运行，在这里存储提供商可以通过向用户提供存储获取 FIL。反过来，用户花费 FIL雇佣存储提供商来存储或分发数据。存储提供商为了可观的奖励而竞争挖区块，但是FIL的存储算力功率是和有效存储成比例的，即直接为用户提供有用的服务。这种设计为存储提供商提供了激励，使他们尽可能地聚集存储以便服务客户。

FIL协议将这些聚集来的资源编织成一个世界上任何人都可以依靠的自我修复存储网络。这个网络通过复制和分散内容实现稳健性，同时自动检测与修复复制品故障。用户可以选择复制参数来针对不同的威胁进行保护。FIL协议的云存储网络是一个安全的网络，因为内容在用户端是端到端加密的，而存储提供者并不能访问到解密的密钥。FIL是运行在可以为任何数据提供存储基础设施的IPFS之上的激励层。它对去中心化数据，构建及运行分布式应用程序，以及实现智能合约具有巨大的作用。

1. 介绍

FIL是一种协议通证，它的区块链运行在一种叫作“时空证明”的新型证明机制上，它的区块将被存储数据的存储提供商创建出来。FIL协议通过不依赖于单个协调的独立存储提供者组成的网络来提供数据存储和检索服务，其中：①用户为数据存储和检索支付通证；②存储提供商通过提供存储空间赚取通证；③检索提供商提供数据服务赚取通证。

（1）基本组件。FIL协议建立在四个新型组件之上。

1）去中心化存储网络（DSN）。我们提出一个由独立存储提供者组成的网络的抽象概念来提供存储和检索服务。接着我们将 FIL作为一个可激励的、可审计并且可验证的DSN构架来展示。

2）新型的存储证明。我们提出两种新型的存储证明：①复制证明允许存储提供者证明数据确实被复制到了其独特的专用物理存储设备上。强制执行独特的物理副本使验证者可以检验证明者不是在同一个存储空间中将多个重复数据副本删除。②时空证明允许存储提供者证明他们在指定的时间内持续存储了某些数据。

3）可验证市场。我们将存储请求和检索（检索与取回英文相同）请求建模成由FIL网络运行的两个去中心化的可验证市场内的订单。可验证市场确保了当一种服务被正确提供的时候，相应的款项会被支付。在我们展示的存储市场和检索市场中，存储提供商和用户可以分别提交存储订单和检索订单。

4）有效的工作证明。我们展示了如何基于“时空证明”来构建一个有效的工作证明以应用于共识协议。存储提供商将不再需要花费不必要的计算资源来挖掘区块，而是必须在网络中存储数据。

（2）协议概述。FIL协议是一个构建在区块链和本地通证之上的去中心化存储网络。用户为存储和检索数据花费通证，存储提供商以存储和提供数据赚取通证。FIL的DSN通过两个可验证的市场来分别处理存储和检索请求，即存储市场和检索市场。用户和存储提供商为所要求的和提供的服务设定价格，并将订单提交到市场。

市场由采用了时空证明和复制证明的FIL网络来操作，以确保存储提供商准确无误地存储他们承诺存储的数据。最后，存储提供商可以参与区块链中新区块的创造。一个存储提供商对下一个区块的影响力与它在网络中当前存储的使用量成正比。

2. 去中心化存储网络的定义

我们介绍了去中心化存储网络（DSN）方案的概念。DSNs聚集了多个独立存储提供商提供的存储空间，并且它能自我协调以对用户提供数据存储和检索服务。这种协调是去中心化并且不需要信任方的，即通过协议调节及验证个体方的操作来达到安全运行整个系统的目的。DSNs可以根据系统的需求采用不同的调节策略，包括拜占庭协议、流言协议以及无冲突可复制数据类型（CRDTs）。在后面我们将会提供一个 FIL DSN的架构。

（1）管理故障。我们将管理故障定义为由Manage协议中参与者引起的拜占庭故障。一个DSN方案依赖于它Manage协议的故障容错性。违反故障容错性的管理故障假设会对系统的活跃度和安全性进行妥协。

例如，考虑一个DSN方案Π，其中Manage协议需要拜占庭协议来审核存储提供商。在这样的协议中，网络接收存储提供商提供的存储证明并运行拜占庭协议来对这些证明的有效性达成共识。如果在n个所有节点之中，拜占庭协议能容许最多f个故障节点，那么我们的DSN可以容许$f<n/2$个故障节点。在违反这些假设的情况下，审计上就要做出妥协。

（2）存储故障。将存储故障定义为阻止用户检索数据的拜占庭故障，例如存储提供商丢掉了他们的碎片，检索提供商停止了服务碎片。一个成功的Put操作是（f，m），即它的输入数据存储在m个独立的存储提供商上（一共有n个），而且它可以容许最多f个拜占庭提供商。参数f和m取决于协议的实现情况；协议设计者可以将f和m设置为定值，或是把选择权交给用户，将Put（data）扩展为Put（data，f，m）。如果故障存储提供商的数目比f小，那么存储数据的Get操作便是成功的。

（3）属性。我们描述了DSN方案中所必需的两个属性，然后将提出FIL DSN 所需要的额外属性。

1）数据完整性。该属性需要没有限制的对手A在Get操作结束的时候能够说服用户接受改变或伪造的数据。如果对任意成功的数据d下私钥k的Put操作，不存在计算有限的对手A在Get操作结束时说服用户接受d′（这里d′不等于d），则一个DSN方案Π

可以提供数据完整性。

2）可恢复性。该属性满足了以下要求：给定我们的∏容错假设，如果数据被成功地存储在了∏，并且存储提供商继续遵循协议，那么用户最终可以检索数据。

如果对任意成功的数据下私钥的Put操作，存在一个成功的用户针对私钥检索数据的Get操作，则一个DSN方案∏可以提供数据完整性。

3）其他属性。如果对于每一个成功的Put操作，存储网络提供商可以生成数据当前正在被存储的证明，则一个 DSN方案∏是可以公开验证的。其中，存储证明必须能够说服任意的知晓私钥但不能访问数据的有效验证者。

如果一个 DSN方案∏生成了可验证的操作轨迹，并且在未来的时间点上能够确认数据当时确实在正确的时间线内被存储了，则该DSN方案∏是可以审查的。如果存储提供商由于成功提供了存储和检索服务而获得了奖励，或者因为作弊而受到惩罚，这样的存储提供商的优势策略是存储数据，则一个 DSN方案∏具备可兼容激励性。

备注：这个定义不保证每一个 Get 操作都能成功，如果每次Get 操作最终都能取回数据，那么这个方案就是公平的。

3. 复制证明和时空证明

在FIL协议中，存储提供商必须让他们的用户相信，用户付费的数据已经被他们存储了；在实践中，存储提供商将生成存储证明供给区块链网络或者用户自己来进行验证。

（1）动机。存储证明（PoS）方案［如数据持有性验证（PDP）和可恢复性证明（PoR）］允许用户（即验证者V）把数据D外包给服务器（即证明者P）来反复检查服务器是否持续存储D。用户可以通过一个很高效的方式来验证外包数据的完整性，比下载数据更高效。服务器通过对一组随机数据块的采样并且与用户之间通过挑战/响应协议的形式发送少量的恒定数据这两个方法来生成所有权的概率证明。

PDP和PoR方案只能保证在挑战/响应的时候证明者的数据所有权。在 FIL中，需要更强大的保障以阻止作恶存储提供商利用下面三种攻击在不提供存储的情况下作弊获得奖励。

1）女巫攻击。作恶存储提供商可能通过创建多个女巫身份来假装存储（并且获得奖励）很多份物理存储副本，但实际上只存储了一份。

2）外包攻击。依赖于可以从其他存储提供商处快速获取数据，作恶存储提供商可能承诺存储比他们实际物理存储容量大得多的数据。

3）生成攻击。作恶存储提供商可能会宣称要存储大量的数据，但他们反而使用小程序有效地生成请求。如果这个小程序小于所宣称要存储的数据，那么作恶存储提供商在赢取FIL区块的可能性上就增加了，因为可能性是与存储提供商当前使用中的存储成正比的。

（2）复制证明。复制证明（PoRep）是一个新型的存储证明。它让服务器（即证明者P）说服用户（即验证者V）数据已经被复制到了它的唯一专用的物理存储上了。我们的方案是一种交互式的协议，证明者P先承诺存储数据D的*n*个不同副本（即独立物理副本），然后通过一个挑战/响应协议说服验证者V，P确实已经存储了每一个副本。据我们所知，PoRep改进了PDP和PoR方案，可以阻止女巫攻击、外包攻击和生成攻击的发生。

（3）时空证明。时空证明方案允许用户检测在挑战期间存储提供商是否存储了外包数据。如何使用PoS方案来证明数据在短时间内被存储了呢？对这个问题的一个自然的回答是要求用户重复（如每分钟）对存储提供商发出挑战。然而，每次交互所需要的通信复杂程度将会成为类似 FIL这类系统的瓶颈，因为存储提供商也会被要求提交他们的证明到区块链网络。

为了回答这个问题，引出一种新的证明——时空证明，其中验证者可以检验在一段时间内证明者是否存储了他/他的外包数据。如此对证明者的要求则是生成顺序的存储证明（在这里是复制证明），来作为一种递归执行生成简短证明的确定时间的方法。

（4）在 FIL中的运用。FIL协议采用了时空证明来审核存储提供商提供的存储。为了在 FIL中使用PoSt，出于无指定验证者和我们想要任何网络成员都可以验证的原因，将方案修改成了非交互模式。由于验证者是在公共通证模型下运行的，所以可以从区块链中提取随机性来发出挑战。

4. FIL：一个DSN架构

FIL DSN是一个可审查的、可公开验证并且为激励所设计的去中心化存储网络。用户为了存储和检索数据向存储提供商付费，存储提供商通过提供硬盘空间和带宽来赚取费用。存储提供商只有在网络审核他们确实提供了服务后才会收到付款。

（1）参与者。任何使用者都可以作为用户、存储提供商或检索提供商来进行参与。用户在DSN中通过Put和Get请求来付费进行存储及检索数据。存储提供商向网络提供数据存储。存储提供商在FIL中提供他们的硬盘空间并且服务Put请求。想要成为存储提供商，用户必须用与存储空间成比例的抵押物来抵押自己的硬盘空间。

存储提供商用承诺在特定时间存储客户数据的方式来响应Put请求。存储提供商生成时空证明并将他们提交到区块链来向网络证明他们一直在存储数据。在证明无效或者丢失的情况下，存储提供商将被惩罚并失去一部分的抵押物。存储提供商也有资格挖取新的区块，如果挖到新的区块，存储提供商将获得创建新区块的奖励以及包含在区块中的交易费。

检索提供商为网络提供数据检索服务。检索提供商在FIL中提供给客户Get请求所需的数据。与存储提供商不同，他们不需要抵押、承诺存储数据或是提供存储证明。检索提供商可以从用户或者检索市场上获取碎片。

（2）网络 。将运行FIL全节点的所有用户设想为一个单一的抽象实体——网络，网络充当运行Manage协议的中介。非正式地，在FIL区块链的每个新区块中，全节点将管理可用存储、验证抵押物、审核存储证明以及修复可能的故障。

（3）账本。我们的协议适用于基于账本的货币。一般而言，我们称之为Ledger（L）。在任意给定时间*t*（称为纪元），所有用户都可以访问L，在纪元*t*时候下，账本的交易是有顺序的，账本是只可附加式的。FIL DSN 协议可以在任何允许验证FIL证明的账本上实现。

（4）市场。存储的供给和需求组成了两个FIL市场——存储市场和检索市场。这两个市场是两个去中心化交易所，简言之，用户和存储提供商为他们请求的服务设定价格或是向两个市场分别提交订单。交易所为用户和存储提供商提供了一种方式来查看匹配报价并发起交易。如果请求的服务被成功提供，通过运行Manage协议，网络在保证存储提供商得到报酬的同时也向用户收取了费用。

（5）数据结构。

1）碎片。一个碎片是用户存储在DSN的数据的一部分。例如，数据可以被任意分为很多个碎片，每一个碎片由不同的存储提供商保存。

2）扇区。一个扇区是存储提供商提供给网络的一些硬盘空间。存储提供商将从用户那里得来的碎片存储在他们的扇区中并为他们的服务获取通证。为了存储碎片，存储提供商必须向网络抵押他们的扇区。

3）分配表。分配表是一个用来跟踪碎片以及分配扇区的数据结构。分配表在账本中每一个区块都会更新一次，并且它的Merkle树根将存储在最新的区块中。在实践中，该表用来保持DSN的状态，允许在证明验证过程中快速查找。

4）订单。一个订单是请求或提供服务的意向声明。用户向市场提交报价订单以请求服务（存储市场以存储数据或检索市场以检索数据），存储提供商提交询价订单来提供服务。

5）订单簿。订单簿是订单的集合。

6）抵押。抵押是向网络提供存储（特别是扇区）的一种承诺。存储提供商必须将他们的抵押提交给账本才能开始在存储市场中接受订单。一个抵押包含了抵押扇区的大小和存储提供商存放的抵押物。

（6）协议。通过描述用户、网络和存储提供商执行的操作来概述 FIL DSN。

（7）客户周期。

1）Put:数据存储在 FIL。

用户可以通过向存储提供商支付FIL通证来存储他们的数据。一个用户通过向存储市场订单簿提交一个报价订单（提交订单到区块链）来启动Put协议。当匹配到从存储提供商而来的询价订单时，用户将碎片发给存储提供商。双方签署成交订单并且将它提交到存储市场订单簿。

用户可以通过提交多份订单（或在订单中指定复制因子）来决定他们碎片的物理副本数量。冗余度越高，存储故障的容许度就越高。

2）Get：用户从FIL检索数据。

用户可以通过向检索提供商支付FIL通证来检索在DSN中存储的任何数据。

一个用户通过向检索市场订单簿提交一个报价订单（向整个网络广播他们的订单）来启动Get协议。当匹配到从存储提供商而来的询价订单时，用户将收到从存储提供商而来的碎片。收到后，双方签署成交订单并且将它提交到区块链来确认交易成功。

（8）存储算力周期（对于存储提供商）。对于存储提供商，非正式的存储算力周期概述如下。

1）抵押。存储提供商向网络抵押存储,通过在区块链抵押交易中存放抵押物来向整个网络抵押他们的存储。抵押物将在提供服务期间被抵押，并且会在存储提供商为他们承诺存储数据并提供存储证明时返还给他们。如果一些存储证明失败了，那么成比例的抵押物就会损失掉。一旦抵押交易在区块链中出现，存储提供商就可以在存储市场中提供他们的存储了。

2）接收订单。存储提供商从存储市场获取存储请求。一旦抵押交易出现在区块链中，存储提供商则可以在存储市场中提供他们的存储，他们设定价格并且通过Put.AddOrders在市场的订单簿中添加一个询价订单，通过Put.MatchOrders检查他们的订单是否和客户的报价订单匹配一致。

一旦订单匹配，用户将发送他们的数据给存储提供商。存储提供商收到碎片时运行Put.ReceivePiece。在数据被接收后，存储提供商和用户双方签署一个成交订单并将它提交到区块链。

3）密封。存储提供商为未来的证明准备碎片。存储提供商的存储被切分为多个扇区，每个扇区包含了分配给存储提供商的碎片。网络通过分配表来跟踪每个存储提供商的扇区。当一个存储提供商的扇区被填满时，这个扇区就被密封起来了。密封是一种缓慢的顺序操作，它将扇区中的数据转换成复制品，即一个与存储提供商公钥相关联的唯一的物理副本。密封是一个复制证明期间的必须操作。

4）证明。存储提供商证明他们正在存储所承诺的碎片。当存储提供商被分配数据时，他们必须重复生成复制证明来保证他们在存储数据。证明被公布在区块链上并由网络来验证它们。

（9）存储算力周期（对于检索提供商）。对于检索提供商，非正式的存储算力周期概述如下。

1）收到订单。检索提供商从检索市场得到数据请求。检索提供商通过向网络广播他们的询价订单来宣布他们的碎片。他们设置价格并向市场订单簿添加询价订单。检索提供商检查是否与用户的报价订单匹配一致。

2）发送。检索提供商发送碎片给用户。一旦订单匹配，检索提供商发送数据碎片给用户。当碎片接收完毕时，存储提供商和用户双方签署成交订单并将它提交到区块链。

3）网络周期。给出一个非正式的网络操作概述。

4）分配。网络将用户的碎片分配给存储提供商的扇区。用户通过在存储市场上提交报价订单来启动Put协议。当询价与报价订单相匹配时，有关各方共同承诺交易并在市场上提交成交订单。此时，网络将数据分配给存储提供商并将其记录在分配表中。

5）修复。网络发现故障并尝试修复它们。所有的存储分配对于网络中的每个参与者都是公开的。在每一个区块，网络都会检查每一个分配的所需证明是否存在，检查它们是否有效，并采取相应措施——如果有任何证明丢失或是无效，网络会通过扣除部分抵押物来惩罚存储提供商。如果大量证明丢失或是无效，网络会认定存储提供商存在故障并将订单设定为失败，并且重新推出同一份碎片的新订单进入市场。如果每一个所有存储该碎片的存储提供商都有故障，则该碎片丢失，客户获得退款。

（10）保证和要求。以下介绍FIL DSN是如何实现完整性、可恢复性、可公开验证性、可审核性、激励兼容性和保密性的。

1）实现完整性。碎片以加密哈希值命名。在一个 Put请求之后，用户只需要存储哈希值即可通过Get取回数据并且验证收到的数据的完整性。

2）实现可恢复性。在一个Put请求中，用户指定复制因子和所需的擦除编码类型，以这种方式指定存储可以容许（f，m）。这个假设是说有m个存储提供商存储数据，且容许最多 f 个故障。用户可以通过在一个以上的存储提供商处存储数据，提高数据恢复的可能性，以防止存储提供商下线或者消失。

3）实现可公开验证性和可审核性。存储提供商需要向区块链提交他们的存储证明（SEAL,POST）。网络中的任意用户都可以在不访问外包数据的情况下验证这些证明的有效性。由于这些证明都是存储在区块链上的，所以一丝一毫的操作都是可以被随时审核的。

4）实现激励兼容性。非正式地，存储提供商通过提供存储而获得奖励。当存储提供商承诺存储数据时，他们需要生成证明。忽略证明的存储提供商会受到惩罚（通过损失部分抵押物），并且不会收到存储的奖励。

5）实现保密性：如果用户希望他们的数据被私密存储，则他们必须在上传数据之前进行数据加密。

5. FIL存储和检索市场

FIL有两个市场——存储市场和检索市场。这两个市场拥有相同的结构与不同的设计。存储市场允许用户向存储提供商付费来存储数据。检索市场允许用户向检索提供商付费来享受数据的检索传递服务。在这两种情况下，用户和存储提供商可以设置他们的报价和要价或是接受当前的报价。这些交易是由网络这个FIL全节点网络的拟人化概念所运行的。网络保证存储提供商在提供服务时可以得到来自用户的奖励。

（1）可验证市场。交易市场是促进特定商品或服务交易的协议。它们使得买家和卖家促成交易。出于我们的目的，要求交易是可以验证的，即一个去中心化的参与者的网络必须能够在买家和卖家之间验证交易。我们提出了可验证市场的概念，其中没有任何的实体来管理交易所，交易是透明的，任何人都可以匿名参与。可验证市场协议使得对于商品和服务的交易完全去中心化——订单簿的一致性、订单结算和服务的正确执行都是通过存储提供商和FIL全节点这些参与者独立验证的。一个可验证市场是一个有着两个阶段（订单匹配与订单结算）的协议。订单是购买或出售抵押物、商品或服务的意向声明，订单簿则是所有可用订单的清单。

（2）验证市场协议。

1）订单匹配。参与者添加买订单和卖订单到订单簿。当两个订单匹配时，相关双方共同创建成交订单，该订单将双方提交给交易所，并通过将其添加到订单簿的形式将这个消息传播到网络。

2）订单结算。通过要求卖方来为他们的交易/服务提供加密证明，网络将确保商品或服务的转移已正确执行。成功时，网络将处理付款并从订单簿中清除订单。

（3）存储市场。存储市场是一个允许用户（如买家）为了他们的数据请求存储，也允许存储提供商（如卖家）提供他们的存储空间的可验证市场。

1）要求。根据以下要求设计了存储市场协议。

A. 链上订单簿。重要的是：①存储提供商的订单是公开的，因此网络始终知道最低价格，用户可以对其订单做出明智的决定；②即使用户接受了最低的价格，用户的订单还是必须要提交到订单簿中，这样市场可以对新报价做出反应。因此，我们要求将订单明确地添加到FIL区块链中，以便添加到订单簿中。

B. 参与者对他们的资源做出承诺。我们要求双方都承诺将他们的资源作为避免损害的一种方式——既可以避免存储提供商不提供服务，也可以避免用户没有可用资金。为了参与存储市场，存储提供商必须抵押与其在DSN中的存储量成比例的抵押物，通过这种方式，网络可以惩罚那些承诺存储数据但又不提供存储证明的存储提供商。同样的，用户必须向订单存入指定的资金，以这种方式保证在结算期间的承诺与资金的可用性。

C. 故障的自处理。只有在存储提供商反复证明他们已经在约定时间内存储了碎片的情况下，订单才会结算给存储提供商。网络必须能够验证这些证明的存在与正确性。

2）数据结构。

A. Put订单。有三种类型的订单——出价订单、询价订单和成交订单。存储提供商创建询价订单来添加存储，用户创建出价订单来请求存储，当双方对价格达成一致时，他们便一起创建成交订单。

B. Put订单簿。存储市场中的订单簿是当前有效且开放的询价、出价以及成交订单的集合。订单簿是公开的，并且每一个诚实的用户都有着相同的订单簿视图。在每一个纪元，如果新的订单交易（txorder）出现在新的区块链区块中，那么这个新的订单就会被添加到订单簿中；订单在被取消、过期或是结算后移除订单簿。订单被添加在区块链中的区块中，因此在订单簿中的订单都是有效的。

（4）存储市场协议。

1）订单匹配。用户和存储提供商通过提交交易到区块链来将他们的订单提交到订单簿中（第1步）。在订单匹配完成后，用户将碎片发送给存储提供商，随后双方签署成交订单并且将它提交到订单簿（第2步）。

2）订单结算。存储提供商封存他们的扇区（第3a步），为包含碎片的扇区生成存储证明并且定期将它们提交到区块链（第3b步）；与此同时，其余的网络必须验证存储提供商所生成的证明并且修复可能的故障（第3c步）。

（5）检索市场。检索市场允许用户请求检索特定的碎片，并由检索提供商提供这项服务。与存储提供商不同，检索提供商不需要在特定时间周期内存储数据或者生成存储证明。在网络中的任何用户都可以成为检索提供商，并通过提供检索服务来赚取FIL通证。检索提供商可以直接从用户那里获取碎片，也可以通过检索市场获取它们，或者作为存储提供商直接存储它们。

1）要求。根据以下要求设计了检索市场协议。

A. 链下订单簿。用户必须能够找到提供所需碎片的检索提供商，并且在定价之后直接交易。这意味着订单簿不能通过区块链来运行，因为这将成为快速检索请求的瓶颈，相反，参与者将只能看到订单簿的一部分。因此，我们要求双方广播自己的订单。

B. 无信任方检索。公平交换的不可能性提醒我们要让双方在没有信任方的情况下进行交易是不可能的。在存储市场中，区块链网络将作为一个验证存储提供商提供的存储的（去中心化）信任方。在检索市场中，检索提供商和用户将在没有网络见证文件交易的前提下来进行数据交易。我们通过要求检索提供商将数据分割成多个部分来解决这个问题，并且对于发送给用户的每个部分，存储提供商都会收到付款。这样，如果用户停止付款，或者存储提供商停止发送数据，任何一方都可以停止交易。值得注意的是，要想让这个办法管用，我们必须假设始终有一个诚实的检索提供商。

C. 支付通道。用户希望在提交付款之后立即可以取回碎片，检索提供商则希望只有在确认收到付款之后才会提供碎片。通过公共账本验证付款可能是检索请求的瓶颈，因此我们必须依赖于高效的链下付款。FIL区块链必须支持可以进行快速并且乐观的交易通道，并且仅在出现纠纷的情况下才使用区块链。通过这种方式，检索提供商和用户可以快速发送我们协议要求的小额支付。

2）数据结构。

A. Get 订单。在检索市场中存在三种订单——客户创建的报价订单、检索提供商创建的询价订单、当检索提供商和用户成交时共同创建的成交订单。

B. Get 订单簿。检索市场中的订单簿是当前有效且开放的询价、出价以及成交订单的集合。不同于存储市场，每一个用户都会有不同的订单簿视图，因为订单是在网络中广播的，而每一个存储提供商和用户只会跟踪他们所感兴趣的订单。

（6）检索市场协议。

1）订单匹配。用户和检索提供商通过广播他们的订单将订单添加到订单簿（第1步）。在订单匹配完成后，用户和检索提供商之间建立一条小额支付通道（第2步）。

2）订单结算。检索提供商发送碎片的一小部分给用户，然后用户针对每一份碎片都会向存储提供商发送一份签署的收据（第3步）。检索提供商向区块链出示送达收据从而获得奖励（第4步）。

6. 有用的工作共识

FIL DSN协议可以在任何允许FIL证明验证的共识协议之上实现。下面将介绍如何基于有用的工作来引导共识协议。代替掉浪费的工作证明计算，由工作的FIL存储提供商所生成的时空证明是允许他们参与共识的原因。

（1）有用的工作。如果计算的输出是对整个网络有价值的，而不仅仅是保卫区块链的安全，我们便认为存储提供商在共识协议中所做的工作是有用的。

（2）动机。确保区块链的安全是至关重要的，工作证明方案常常需要解决其答案不可再用或者需要大量浪费计算的难题。

1）不可重复利用的工作。大多数无权限的区块链要求存储提供商解决一个难以解决的计算难题，例如反转哈希函数。通常这些难题的解决方案都是无用的，并且除了保护网络之外没有任何有用的价值。

2）尝试重复使用的工作。业内已经有了数次尝试再利用存储算力功率进行有用的计算。有些尝试要求存储提供商同时与标准的工作证明进行一些特殊计算。其他的尝试想用有用的问题取代工作证明，但依然很难解决。例如，Primecoin重新利用存储提供商的计算能力来寻找新的素数，Permacoin通过要求存储提供商反转哈希函数同时证明某些数据正在存档来提供存档服务。尽管这些尝试中的绝大多数都能执行有用的工作，但是这些计算中浪费的工作量仍然很普遍。

3）浪费的工作。解决难题在机器成本和能源成本方面的消耗是非常昂贵的，特别是如果这些谜题完全依赖于计算能力。当存储算力算法令人尴尬地平行时，解决难题的普遍因素是计算能力。我们如何有效地减少浪费的工作呢?

4）尝试减少浪费。理想情况下，网络资源的大部分应该花在有用工作上。一些尝试是要求存储提供商使用更节能的解决方案。例如，Spacemint要求存储提供商用硬盘而不是算力来存储；虽然更加节能，但是这些硬盘空间依然被浪费了，因为它们被随机数据填满了。其他的尝试会用基于权益证明的传统拜占庭协议来代替解决难题的困难，其中利益相关方在下一个区块中的投票数与它们在系统中所占有的货币份额成正比。

（3）FIL共识。下面提出一种有用的工作共识协议，其中网络选择一个存储提供商来创建新区块（我们称之为存储提供商的投票权）的概率与当前这个存储提供商使用中的存储和网络其余部分相关的存储的关系成正比。关于FIL协议，存储提供商宁愿投资存储而不是算力来并行挖掘计算。存储提供商提供存储并重新使用计算以证明数据被存储。

（4）存储算力功率建模。

1）功率容错，即一个根据参与者对协议结果的影响重新构建拜占庭故障的抽象化概念。每个参与者控制网络总功率n中的一些功率，f是故障或作恶参与者所控制的功率占比。

2）FIL功率。在FIL中，在t时刻，存储提供商m_i的功率P_t^i是存储任务的总和。m_i的影响力I_t^i是m_i功率除以全网功率总和的分数。在 FIL中，功率有以下属性：

A. 公开。网络中当前正在使用的存储总量是公开的。通过读取区块链，任何人都可以计算每个存储提供商的存储任务，因此任何人都可以在任意时间点计算出每一个存储提供商的功率与网络总功率。

B. 可公开验证的。对于每一个存储任务，存储提供商被要求生成时空证明以证明服务在被持续提供。通过读取区块链，任何人都可以验证存储提供商所声明的功率是否正确。

C. 可变的。在任意时间点，存储提供商可以通过抵押新扇区并且填充新扇区的方式来添加新的存储。这样存储提供商便可以改变他们的功率。

（5）用时空证明来衡量功率。对于每一个区块，存储提供商们必须提交时空证明到网络，如果网络中的绝大部分功率都认为这些证明是有效的，那么这些证明将被成功地添加到区块链中。在每一个区块中，每个全节点都会更新分配表、添加新的存储任务、移除过期的存储任务并且标记缺失的证明。一个存储提供商m_i的功率可以通过分配表中的条目来进行计算和验证，这些可以通过以下两种方式来实现：

1）全节点验证。如果一个节点拥有完整的区块链记录，则可以从创世区块运行网络协议直到当前区块为存储提供商m_i读取分配表。这一过程用于验证当前分配给m_i存储的每一个时空证明。

2）简单存储验证。假设一个小型用户可以访问一个广播了最新区块的可信源。小型用户可以从网络的节点中请求：① 存储提供商m_i在当前分配表中的条目；②一个可以证明该条目包含在最后一个区块的状态树中的Merkle路径；③从创世区块到当前区块的区块头。这样，小型用户就可以将时空证明的验证委托给网络。

功率计算的安全性来自于时空证明的安全性。在这个设定里面，PoSt 保证存储提供商无法对他们被分配的存储量说谎。实际上，他们不能声称能够存储比当前存储的数据更多的数据，因为这需要花时间来获取并运行缓慢的PoSt.Setup，并且由于 PoSt.Prove是一个顺序计算，所以他们不能通过并行计算来更快地生成证明。

（6）使用功率达成共识。通过扩展现有的（和未来的）权益证明共识协议来预见实施 FIL共识的多种策略，其中权益被指定的存储所替换。因为预见了权益证明协议的改进，所以提出了一项基于之前的工作的架构，称为预期共识。策略是在每一轮选出一名（或多名）存储提供商，这样赢得选举的概率和每一个存储提供商所被分配的存储成正比。

预期共识 EC的基础在于在每个纪元确定地、不可预测地并且秘密地选举一小部分领袖。我们的期望是每个纪元都只选出一个领袖，但一些纪元内可能会出现0个或者多个领袖。领袖通过创建一个区块并将其传播到网络的方式来拓展区块链条。在每一个纪元，区块链将被延伸一个或多个区块。在没有领袖的纪元里，一个空的区块将被添加到区块链中。虽然区块链中的区块可以线性排序，但它的数据结构是一个有向无环图。EC是一个概率共识，每个纪元都比前面的区块更加确定。如果绝大部分的参与者通过扩展链或签名区块的方式将他们的权重添加到区块所属的链上，那么这个区块就被确定了。

7. 智能合约

FIL为终端用户提供了两个基本的原语：Get和 Put。这些原语让用户可以在市场中以他们自己偏爱的价格存储和检索数据。虽然原语涵盖了FIL的默认使用案例，但我们还是通过支持智能合约的部署，允许在Get和Put之上设计更复杂的操作。用户可以编写新的精细的存储/检索请求，我们将其称为文件合约以及通用智能合约。我们整合了合约系统和一个桥接系统将FIL存储带入其他区块链之中，反之亦然，也将其他的区块链的功能带入FIL之中。

（1）FIL 中的合约。智能合约使得 FIL 的用户能够编写可以花费通证、在市场中请求存储/检索数据和验证存储证明的有状态的程序。用户可以通过将交易发送到账本以触发合约中的功能函数来与智能合约进行交互。我们拓展了智能合约系统以支持FIL的特定操作。

FIL支持特定于数据存储的合同，以及更通用的智能合约。

1）文件合约。我们允许用户对他们提供的存储服务进行编程。

2）智能合约。用户可以将程序与其他系统中的事物相关联，这并不直接依赖于存储的使用。我们预见了一些应用，如去中心化命名系统、资产追踪和众筹平台。

（2）与其他系统的集成。桥接系统是连接不同区块链的工具；虽然仍在进行中，但我们计划支持跨链交互，以便将FIL存储带入其他基于区块链的平台，并将其他平台的功能也带入FIL。

1）FIL在其他平台上。其他的区块链有的系统允许开发者编写智能合约；然而这些平台只提供很少的存储能力和非常高的成本。我们计划提供一种桥接系统以将存储和检索支持带入这些平台。我们注意到 IPFS已经被一些智能合约（和协议通证）当作引用和分发内容的方式使用了。添加对 FIL 的支持将允许这些系统能够以交易FIL通证的方式来保证IPFS上存储的内容。

2）其他平台在FIL上。我们计划提供桥接系统以链接FIL和其他区块链的服务。

8. 未来的工作

这项工作为FIL网络的构建提供了一条清晰而有凝聚力的道路；然而，我们也认为这项工作是未来去中心化存储系统研究的起点。以下是三类未来的工作，这包括已完成的工作，它们只是等待描述和发布、提出改进当前协议的开放式问题以及协议的形式化等方面。

（1）正在进行的工作。以下主题代表正在进行的工作：一个描述每个区块中FIL状态树的规范，FIL及其组件的详细性能评估和基准。一个完全可实现的FIL协议规范，一个赞助检索票务模型，其中通过发行每片可承载且可花费的通证，任何用户C1都可以赞助另一个用户C2的下载。一个分层共识协议，其中FIL子网可以在临时或永久分区进行分区操作或继续处理交易。使用SNARK/STARK增加区块链快照。基于ETH的FIL接口合约和协议，与Braid的区块链归档和跨区块链盖戳。仅在解决冲突的时候在区块链上发布时空证明，正式证明FIL DSN和新型存储证明的实现。

（2）开放性问题。这里有许多未解决的问题，尽管他们不会耽误上线时间，但其答案有可能大大改善整个网络。一个描述复制证明密封功能更好的原语，其中理想情况下是$O(n)$解码［而不是$O(nm)$解码］，并且无需 SNARK/STARK 就可以公开验证。一个描述复制证明 Prove 功能更好的原语，其中无需 SNARK/STARK 就可以公开验证且透明。一个可以公开验证且透明的检索证明或是其他的存储证明，检索市场中针对检索的新策略（例如，基于概率支付、零知识条件支付）。一个更好的期望共识秘密领袖选举，其中每一个纪元只有一个领袖当选，一个更好的 SNARKs可信设置方案，允许公共参数的增量扩展（可以运行一系列 MPCs的方案，其中每个额外的MPC严格降低故障概率，并且每个MPC的输出可用于系统）。

（3）证明和正式验证。由于证明和正式验证的明确价值，我们计划证明 FIL 网络的很多属性，并在未来几个月和几年内开发正式验证协议的规范。我们已经有了一些正在进行中的证明，还有更多的还在思考中。但是要证明 FIL 的很多属性（如缩放和离线）将是艰难且长期的工作。

预期协议和变体的正确性证明，功率容错的正确性证明，其中异步 1/2 将不会导致分叉，在通用组合框架中制定 FIL DSN，将Get、Put 和 Manage作为理想的功能来描述，并证明我们的确实现了它。自动自愈保证的正式模型和证明，正式地验证协议描述（例如 TLA+或者 Verdi），正式验证实现（例如 Verdi），对 FIL 激励的博弈论分析。

从白皮书可以看出，IPFS旨在构建更快、更安全、更自由的网络时代。IPFS是一个点对点的分布式超媒体分发协议，它整合了分布式系统思路，为所有人提供全球统一的可寻址空间，包括Git、DHT、自证明文件系统SFS和BitTorrent，被认为是最有可能取代HTTP的新一代互联网协议。

IPFS存储文件对用户来说意味着每个文件都被碎片化，并设定密钥进行加密再散布到网络上，当文件再次被使用需要检索时，这些文件就会重新组合并导出。类似于共享经济，分布式云存储技术将全球各地闲置的存储空间与带宽进行合理利用，建成“共享模式”，同时借助区块链技术天然的特性，真正改善“中心化存储”问题。

IPFS类似HTTP却又不同于HTTP，其定义了基于内容寻址的文件系统，分布式哈希P2P传输、版本管理系统都是内容分发使用的技术。简单来说，IPFS创建本地Web，即IPFS利用现在的网络设备来创造新型网络，使用IPFS可以更快地从网上找到想要的信息，但是任何人都不可以从私人设备中获取该信息。

IPFS是一个文件系统，有文件和文件夹，可承载文件系统，同时也是一个Web协议，可以查看互联网页面，未来很多浏览器可以直接将其投入使用。IPFS是模块化的协议，连接层通过与其他任何网络协议连接，路由层寻找定位文件所在位置，数据块交换采用BitTorrent技术。

IPFS天生是一个CDN，文件添加到IPFS网络，将会在全世界进行CDN加速bittorrent的带宽管理。IPFS是P2P系统，P2P文件传输网络在世界范围内，分布式网络结构无单点失效问题。IPFS拥有无限可能。

IPFS的今世来生：

2014年5月：Juan Benet发起IPFS项目，实验室成立。

2014年7月16日：实验室获得12万美元种子轮孵化资金。

2015年1月：IPFS协议实验室成立，IPFS全球发布。

2016年：IPFS团队创建了Libp2p、IPLD、Multiformats、Orbit等模块。

2017年6月：IPFS已储存50亿份文件。

2017年7月：IPFS团队宣布成立FIL项目。

2017年8月：FIL首次ICO高达2.57亿美元，红杉资本、温克沃斯兄弟、DCG集团等八大风投机构破天荒地一致投资IPFS。

2018年2月：libp2p 一个模块化建立的点对点的IPFS网络协议层问世。

2018年5月：有史以来第一届IPFS大会召开，可以在移动设备上运行的个人IPFS问世，实现了真正的去中心化存储。

2019年2月14日：FIL代码开源，go-FIL开发测试版本上线。

2019年4月19日：协议实验室（Protocol Labs）宣布和ETH

基金会进行合作。

2019年5月10日：IPFS官方协议实验室举办了首次FIL全球存储提供商社区视频直播会，IPFS&FIL团队重新定义了Web 3.0。

2019年10月16日：FIL团队开放第一个备用FIL网络Lotus，功能包括存储算力、存储、检索。

2019年11月27日：FIL官方技术开发负责人透露将在下一个版本中启用GPU方案进行存储算力。

2019年12月12日：FIL第一阶段公测。

2020年5月15日：FIL第二阶段公测。

2020年10月15日：FIL主网上线。

2021年7月1日：FIL主网完成网络升级。

IPFS的工作原理

IPFS的发行，从根本改变了网络数据的分发机制，每个文件及其包含的所有数据块，都会转换为哈希指纹，即一个散列字符串。

如果应用程序想要在其他硬件上存储文件并进行加密，换个角度可以理解为，对其使用加密技术进行保护，保证文件安全，以便拥有特定密钥的人再次打开，然后将文件进行碎片化处理，这代表着文件将分裂（并且偶尔将合并）成统一大小的碎片，被分散给不同节点进行存储，以便文件可能在不同区域进行存储。

IPFS的容错机制会保证复制足够多的数据，并且在不同地区存放，就像把一个文件拆解开来，存储在不同地方，利用哈希算法进行加密链接起来，就算黑客攻击时解密了一个文件碎片，也无法获得完整的信息。

IPFS基于内容寻址而非域名寻址，在当下所知道的网络服务中，在查找内容时，需要先找到所在服务器，然后在服务器上找到对应内容,而在IPFS网络里是根据内容选址，只要通过哈希值就可以找到对应文件，这种方式叫内容寻址。

IPFS使用分布式命名系统IPNS，将复杂的数据哈希值映射为简单的字符串，这可以类比为IP地址与域名的映射关系。

该系统将为客户快速准确地提供内容，无论与内容的原始主机距离远近，此外，使用的分布式哈希表是分布式计算系统的一种，用来将一个关键值（key）的集合分散到所有在分布式系统中的节点，同时将内容高效地传送到拥有关键值的节点（peers），这些节点类似于列表中的存储位置，不匹配的地方会出现不同的哈希，因此可以检查交换的两端是否有不同的内容。

在IPFS系统中，一般对数据进行分块存放，并分散在WAP网络中的各个节点，如果数据量小就会直接存放到分布式哈希表中，一个节点会完成数据保存，所有区块系统会给数据中每个区块计算哈希值，把所有哈希值拼凑起来再次进行计算，其结果包含数据块与目标节点的映射关系。

IPFS的基本架构及主要特性

在IPFS白皮书中，将IPFS协议分为以下7个子协议：

认证：管理节点的指纹生成，以及对节点进行认证。

网络：管理节点之间的连接。

路由：保持节点和对象的位置信息，是分布式路由表。

交换：一种创新的数据块交换协议，是文件交换市场、数据交易所。

对象：基于MerkleDAG数据结构保存的文件对象。

文件：受到Git启发的版本化文件系统。

命名：自我认证的可变命名系统。

IPFS具有的主要特性。数据内容相同就被赋予唯一的哈希指纹，因此判断数据块是否一致可以通过对比哈希指纹获得结果，节点自身使用类似GIT的版本控制系统管理数据块与本地文件，这既提供了其可溯源的历史版本，又保证了去冗余后的数据块完整。

IPFS节点须使用区块链技术维护账本一致性、哈希路由表等方面，从一个角度来讲是在节点、动态增减内容方面与全网达成共识，从另一个角度来讲是为账本管理建设基础平台与激励机制用激励节点来存储稀有的数据块。

通过IPFS协议，任何存储在系统里的资源，包括图片、视频以及网站代码等，都会进行哈希运算，生成特定的地址，并且伴随加密算法的保护，使该地址同时具备了不可篡改和删除的特性,通过这些可以表明在IPFS中存储数据的永久性。

举个例子，平时打开一些网页，有时总会遇到“404 Not Found”这样的情况，这表示寻找的页面不存在，造成这种现象的主要原因是服务器上的文件被永久性删除或者服务器关闭，这是中心化技术带来的问题，难以改变，除非用户提前做好备份，否则寻找的网页就会永远消失在互联网中。

但这种情况在IPFS上不会存在，即使是撤销该中心服务器，如果该信息的存储网络依旧存在，则该网页就可以进行正常访问，存储站点的分布式网络越多，信息存储的可靠性也就越强。

现如今每个人的电脑都会或多或少存储一些电影、音乐和电子文档等文件，但网络上有很多文件都是同质的，比如甲想要的电影或许正在甲朋友的电脑上，如果再次进行同质文件的重复下载，就会造成存储资源的极大浪费，同样的资源备份的次数过多，就会造成资源过度冗余。

IPFS的出现可以很好地解决过度冗余问题，IPFS会将存储文件做一次哈希计算，哈希值相同的两个相同文件，用户只须通过使用相同的哈希值就可以访问该文件，这个哈希值就是文件的地址，只要获取文件地址，就可以实现资源共享。

在IPFS协议的永久存储特性下，不用担心喜欢的影视剧找不到，找到之后也无须备份，只要全球范围内有人电脑上存储着这部影视剧，需求者就可以重复观看，省下大量的内存资源。

IPFS综合了P2P系统的优点，包括Git、BitTorrent、DHT和SFS等，将P2P的格局放到了全网，不依赖主干网，更好地实现了从多个资源节点获取内容，提升了信息响应的速度及其可靠性。

基于IPFS的协议在实现一种更低成本存储的同时，还提供了拥有奖励机制的分布式存储方案，为IPFS生态的发展提供了丰富空间。

区块链技术的发展使得IPFS的实现成为可能，在区块链诞生之前，面对实现IPFS应用存在两个问题：首先，节点网络在维护路由表的一致性，涉及节点信用、资源的动态增删以及防欺骗等方面通常会采用中心化的解决方案，违背了IPFS去中心的理念。

其次，对节点实行奖惩制度涉及信用管理、奖励机制和账本记录等，在分布式架构下难以保证数据的高可靠、高可用和安全防篡改。

在接下来的几年里，IPFS在分布式应用方面一定会大受欢迎，基于区块链技术的重量级应用也可能会因此到来。

众所周知，如今互联网是建立在HTTP协议上的，HTTP协议是用于从网络服务器传输超文本到本地浏览器的传送协议，当访问网页时，系统会启动地址寻址。

用户的所有信息都被记录存储在这些中心化服务器上，因此，只要服务器被攻击或者挟持，信息就会被攻击者完全收集掌握，安全性较低。传输效率低也是很大的问题，如果用户想要获取信息，需要先访问服务器，服务器如果与用户端距离很远，传输效率就会大大降低，并且用户获取任何信息，服务器访问都是必经之路，这也就是HTTP一直存在的缺陷。

安全性差、效率低下、服务器成本昂贵、网络应用依赖主干网、历史文件保留时间过短等问题将HTTP的缺陷完全暴露在人们眼前，但是，就HTTP面世以后带给世界的巨大变革来说，HTTP的应用将互联网上用户和服务端的距离大大拉近，也优化提升了网络系统，推动了互联网事业的发展，在很大程度上，HTTP将网络经济发展推上了新高度。

不可否认的是，HTTP协议的出现对科技发展贡献巨大，但是，随着互联网的不断发展以及数据的持续爆发式增长，在规模化扩散过程中它的缺陷愈发突出，相比之下IPFS的优势不言而喻。

每次使用HTTP协议都需要在中心化服务器下载文件的完整版本，使用过程中速度慢、耗时长、效率低，若使用IPFS协议就不会存在这种问题。

IPFS采用P2P网络拓扑，利用这种方式下载文件可以使全网域的计算机都成为存储节点，就近存储大大提高了网络效率。

HTTP基于中心化存储，一旦遭受DDOS攻击或不可抗力损害，数据将全部丢失，重新购进服务器将消费更多不必要的人力和财力，IPFS的出现改变了数据的存储形式，降低了服务器存储成本及带宽成本，使存储花费更低。

在IPFS构建的点到点的去中心化文件传输方式中，单份数据虽然被分散为多个碎片，但其具有天然修复功能，可随时恢复为完整数据，不存在中心化服务器，有效减少了某个节点或服务器因为无法正常运作而损毁或丢失数据，保证了用户最佳的使用体验，表明IPFS更具安全性和稳定性。

HTTP花费多年的时间才获得肯定，IPFS进入大众视野的时间有限，其在短期内发展得并不理想，但是就当下而言，分布式存储的市场需求日渐提高，社会对数据处理的标准也在不断提高，IPFS的全面落地应用就只是时间的问题。

目前，IPFS协议广泛应用在区块链领域的项目当中，并且紧密加强与传统行业的应用合作，帮助合作伙伴创新产品、优化方案，同时，这些合作又反向增强了IPFS协议自身的性能，实现互利共赢。

下一步应基于下一代互联网传输协议IPFS，打造分布式存储系统与软硬件结合设计完整的解决方案，为用户提供更全面的分布式系统服务，不断满足用户更高的需求，构建一个真正的点对点网络传输系统，从而为大数据、边缘存储、人工智能等领域打造数据存储基石。

5G时代扩大了社会对数据存储的需求，如果更多的企业、政府和个人将数据存储需求转移到更先进的IPFS分布式网络中，助力未来的科技进步，实现“存储无处不在”的美好愿景，对于未来IPFS及科技进步将带来巨大推动力。

IPFS协议的出现高效解决了互联网现有技术传输速度慢、数据存储不安全和网络冗余大等问题，但是由于对存储技术的轻视疏忽，以及配套设备的等级悬殊，完全实现IPFS依然需要走一段很长的路。

虽然在发展过程中有相当部分的投机者和别有用心的机构钻着大众不熟悉区块链、IPFS等技术的相关专业知识的空子，制造各种毫无底线的噱头，编织花样百出的商业模式和赚钱机会，蒙蔽大众，他们得到一时的满足，却殊不知天网恢恢、疏而不漏，最终只会走上一条不归路。从事各个行业都应怀敬畏之心，IPFS也不例外，在个人获得收益的同时，企业才能真正实现健康有序的发展。

总而言之，科学技术的发展就像是奔腾的江水，没有岛屿和暗礁，就难以激起美丽的浪花。IPFS的出现是对现有互联网进行的一次有效升级、有用补充和有力完善，IPFS从后台走向前台、从出现走向普及是未来存储行业发展的大势所趋和必然结果。

IPFS的应用场景

IPFS自面世以来已经在数据存储、网络视频、社交媒体、文件传输和去中心化交易等领域成功实现应用，在IPFS基础下搭建的软件、应用和平台正在一步步推进着互联网改革。

技术的成熟，不断催化IPFS生态系统实现更广泛的应用落地，并服务于大众，以下几种应用都是IPFS运用的成功案例。

照片备份Textile

照片会被永久保存，且每个用户都会获得安全私钥，这个私钥只属于自己，永远不会共享，用户使用的每张照片都使用其私钥加密，并获得唯一的指纹，该指纹就存储在用户的数字钱包中。

Textile是一款手机软件，支持在设备上整理或远程备份照片，用户上传的照片都存储在IPFS分布式存储网络中，可以随时进行分享，不用担心泄露问题。

全球自由买卖市场OpenBazaar

OpenBazaar是一个分布式全球自由买卖市场，简单来讲，可以叫它“开放集市”，其采用加密学作仲裁担保，建立在机器信任上，没有中心服务器，依靠分布式节点进行自动维护。

大多数线上商店能够在用户未上线的情况下在主机上实现运行，但交易的前提是用户、商家同时在线，运用IPFS技术，就相当于商家离线，却依然能出售物品。

Brave浏览器

Brave浏览器是一种网页浏览器，最新版加入了IPFS协议，其电脑版基于Chromium内核，具有强大的广告拦截功能，也能进行追踪保护，Brave浏览器能够随时屏蔽钓鱼网站，极大地减少了用户私人信息受到侵害。

私有云的提供可以将原有广告替换为网站匿名广告，所有广告都被拦截，在该浏览器下一切广告不复存在，网页的加载和浏览速度大大得到了提升，给用户带来更好的网页体验感。

IPFS是一种点对点、版本化、可内容寻址的超媒体传输协议，作为一个开源的底层协议，所有用户都可以无偿使用，谷歌、火狐、奈飞等传统互联网公司都相继支持和使用IPFS，在不久的将来，IPFS或将改变整个互联网。

跳出HTTP的思维、开始IPFS的行为。对标并取代HTTP是

IPFS的终极目标，IPFS对每个存储的文件都运用哈希算法求出特定哈希值，其基于文件内容进行寻址，而不像传统的HTTP协议一样基于域名寻址。

IPFS给区块链带来了什么？毫无疑问，它解决了互联网最基础的数据中心化问题，那IPFS凭哪些特点来取代HTTP呢？

只有实现数据的分布式存储，才能真正实现去中心化，IPFS除了拥有HTTP的优点之外，还很好地补充了HTTP的不足，使网速更快、安全性更高。当前像阿里云、百度云、腾讯云之类的企业提供的云存储并不是真正意义上的云存储，本质上数据还是存储于机房的服务器中，如果机房里面的服务器受到损害，那么里面存储的所有数据都会丢失。

中国使用手机的人数有10亿多，但是每年个人信息被卖的次数多达60多亿次，平均下来每年每个人的信息会被贩卖6次，这在一定程度上就是因为数据存储在云服务器中，遭到了爬虫爬取。

HTTP具有一个属性，标识符是位置，因此很容易找到托管该文件的计算机并与之建立联系，体验效果很好，但在离线情况下，需要将整个网络负载降至最低，因此在大型分布式方案中就无法使用。

IPFS正好对数据盗取问题进行了彻底解决，存在IPFS里的东西只有拥有个人密钥才能看到，面对这种低收费、隐私安全有保障且又不易丢失的存储方式，无论是企业还是个人，一定都会毫不犹豫选择IPFS。

前期互联网带给人类社会的改变是史无前例的，无论是电商、社交还是其他领域都发生了极大改变，基于IPFS所构建的后期互联网将加速并放大这种改变，当然，IPFS的推广和发展需要时间，只有不断地为IPFS生态建设锦上添花，IPFS网络才会朝着更快、更稳定、更弹性的方向迈进，为下一个30倍甚至是100倍增长做好充分的准备。在IPFS大规模应用来临之前，大众应提高对IPFS的认知，对于任一新生事物，需要避免上帝视角，尽可能保持包容心态，以学习者的姿态认真观察新事物的发展，以及时调整自己的认知，积极参与到IPFS的姿态实践当中，否则就永远只是大趋势下的旁观者。

达成共识很重要、生态共建最重要。应用落地是网络传输协议发展的最终目标。自IPFS面世以来，先后有诸多的机构或项目进入了探索行列，但距离IPFS实现大规模商业落地还存在很大差距，尽管分布式存储正逐渐为大众所知，并且得到政府大力支持，影响力也在不断扩大，但是真正能认识IPFS价值的人并不多。

按照当下全球互联网的发展速度与IPFS的商业应用速度进行预估，要完成IPFS落地与应用的完全匹配还需要几年时间，不仅因为技术层面与经济基础建设有待提高，而且用户的接受时间及市场普及还很模糊，从应用落地层面来看，IPFS还需要一段时间进行过渡。

IPFS官方开始的出发点是做分布式存储的商业逻辑，希望尽可能让资源最大化利用以带来有效存储，并且未来这些存储可以更好地被发现，并进行使用和检索，吸引更多开发人员加入，建成一个庞大的信息产业生态。

官方准则对存储提供商有更严苛的惩罚机制以及更高要求的回报周期。经济模型的运用可能会与存储提供商存在冲突，因此社区用户才会反映问题，官方通过提案进行有效更改,不断优化网络。因此,就分布式云存储的未来而言，IPFS必然会经历冲击，不断成长，才能在发展中找到平衡点，实现商业利用最大化。

HTTP协议从1.0到2.0面世已经多年，但Web应用本质上还是基于B/S架构模式，劣势仍然无法从根本上得以解决。IPFS从被提出到团队组建、底层开发及生态构建，直到今天进行运用也才不过6年的时间，能达到当前的水平已是意料之外，未来还会有更长的发展道路，它可能会给社会带来更大的惊喜，这是谁都无法预料的。

IPFS一诞生就是含着金汤匙的独角兽，它本出身高贵，吸引到的是全球顶级的技术工程师，它更志存高远，它的伟大不仅仅是对标HTTP，更在于超越HTTP。

第三章　FIL——最具价值的投资新品

Filecoin（简称FIL）是IPFS官方唯一通用的激励通证，不依赖计算资源，也不需要巨大的能源支撑。因为IPFS可从根本上提升效率，实现真实意义上的存储应用，所以FIL也随之成为大家竞相热捧的投资新品。随着IPFS的逐渐落地应用及普及，FIL的价值将会进一步凸显和放大，FIL越来越成为更多理性投资人最具价值的投资新品。

小贴士

无论是存储提供商、检索提供商还是用户，在整个网络中都将使用FIL来进行支付，它是网络的通行证，可以获得你想要的结果，同时提升网络的效率，未来价值无可限量。

FIL的基本概况

2012年，胡安（Juan Benet）于斯坦福大学毕业，墨西哥裔的他决定留在美国开始创业。2014年，美国摩根大通的大量个人银行数据被黑客窃取，很多企业蒙受了数据被窃取带来的极大损失，经济受到数据中心的牵动。在这样的趋势下，胡安立项了IPFS。2015年1月胡安成立协议实验室，自此IPFS进入研究和开发。从点对点内容寻址展开，在技术发展下不断对存储方案进行完善，IPFS的存在补充甚至超越了已使用多年的HTTP超文本传输协议。目前全球已有上百万节点在IPFS网络下运行，在某些方面，IPFS已经是一个比较成熟的互联网系统。

2019年2月14日，FIL第一个版本上线，官方定义了网络生态角色，FIL的效应也清晰地给予大家回馈。2019年12月12日，

FIL全球公测第一阶段上线，2020年5月15日，测试网第二阶段正式上线，太空竞赛，410万大存储提供商测试奖励计划实施。FIL激励分两个阶段进行。第一个阶段是FIL上线初期，这个阶段的工作主要由大存储提供商进行，大存储提供商的主要作用是维护系统的稳定和安全。第二个阶段是系统稳定后中小存储提供商在网络安全、稳定的前提下进场。

2019年12月12日，第一次公测开始后，众多参与节点采用集群方式参与这一阶段的测试，大部分节点采用的集群方式是简单集群，但是单机节点或简单集群面临稳定性低、可管理性差和抗攻击性弱等问题。这些问题在算法和链稳定性确定之前都难以解决，尤其是其中的抗攻击部分，如何保证接入用户的诚实性，保证简单集群服务方和客户之间的互信成为问题。

FIL主网于2020年10月15日正式上线。当前的FIL网络拥有投资的巨大吸引力，让越来越多的人加入这个行列，整个网络在上线不到一周内就变得十分繁忙。目前，FIL网络的一些FIP提案正在不断优化中，这一点也能反映出大众对FIL的热情更高，期望也更高。

2021年4月13日，FIL网络升级至Lotus V1.6.0，该版本包含了FIP-14提案。2021年4月15日，FIL官方发布blog，宣布存储提供商信誉系统V1版本诞生。据官方最新消息，2021年7月1日，FIL主网已完成V13 HyperDrive网络升级。此次升级主要是提高网络存储效率和优化GAS成本，通过消息聚合降低GAS消耗，从而提高网络存储效率达10～25倍。

要想清晰地了解FIL的生态应用及运作，首先要解释以下几个基本的名词：

FIL节点

FIL节点是指维护FIL网络的全球分布式运行服务器，验证FIL每个块中的消息，进入应用环节，节点管理FIL钱包并在钱包上接收FIL。

FIL节点可以传播不同类型的消息并发布至网络。比如，用户端发布一则信息，或从一个地址到另一个地址发送FIL，节点向存储提供商提议存储和检索交易，并在执行时为其支付费用。节点还可以参与检索合约，为用户提供需要的文档从而获得FIL，目前FIL团队正在开发更多节点角色。

FIL存储提供商

用户将需要存储的文件信息和少量通证发送到存储市场，用于报价。存储提供商提交询价，存储提供商之间的竞争可以为用户提供更低成本的存储，用户和存储提供商之间就存储达成共识，完成配对流程。在供需双方达成一致后，用户发送文件给存储提供商，存储提供商将文件添加到磁盘分区中，分区通过加密封装，将验证信息发送到区块链中。

在存储提供商将文件存储到存储提供商节点的个人存储空间

后，存储提供商通过时空证明和复制证明，保证他们真实地存储着客户的文件。用户支付给存储提供商的费用通过分期付款的方式进行，随着时间推移，存储提供商这一方不仅会获得用户支付的FIL收益，还会获得网络的区块奖励。

FIL网络具有多种类型的存储提供商。其中，存储提供商负责在网络上存储文件和数据，检索提供商负责提供快速通道来检索文件。

存储提供商是网络的心脏，通过为用户端存储数据并计算加密，来进行跨时间存储赚取FIL，存储提供商为FIL网络贡献的存储量越多，赚取区块奖励和交易费用的概率越大。

检索提供商是网络的脉络，他们通过中标特定文件的竞标价格和采矿费来赚取FIL，赚取的FIL数量取决于该文件的市场价值。检索提供商的带宽和交易的出价/初始响应时间，将决定其在网络上完成检索交易的能力，检索提供商可以进行的交易总数将由最大带宽决定。

GAS费用

GAS用于衡量消息消耗和存储资源。其中消息消耗的GAS直接影响发送方将消息提交给区块链所支付的成本。FIL 是一种基于区块链的经济形式，参与者在分布式网络上进行交易，通过运行记录和处理运行的消息来更新网络状态。新增算力增加时需要投入成本，其主要包括扇区质押和封装费用，即创始人为了保障系统能够稳定运行，对投资者提出一定要求，而这个要求就是扇区质押，封装成本就是GAS费用。

FIL交易

FIL有两种主要的交易类型：存储交易和检索交易。存储交易存在于用户端与存储提供商之间，用于在网络中存储数据。在交易开始，存储提供商接收到数据存储后，交易会反复证明链条，按照协议进行存储，以此可以获取奖励；否则，存储提供商将被惩罚并失去FIL。

检索交易存在于用户端与检索提供商之间，以提取存储在网络中的数据，与存储交易不同，这些交易是通过使用支付渠道以增量方式为接收到的数据进行支付，以链下交易来实现。

在存储中，通过支付FIL来进行数据检索，这属于B端场景，通过B端认可结算标准，决定用户的支付方式，结算流程复杂，在一定程度上，这些复杂度会转化为成本，因此B端必定会下意识地引导C端使用FIL进行付费。在此市场下，B端企业和C端形成强链接后，FIL的流通价值会得到极大的加强。

FIL是存储文件的对等网络，不受时间影响，能确保文件存储的可靠性。在FIL进行存储时，用户通过对存储提供商付费的方式进行存储。存储提供商负责对文件进行存储，并且证明已经将文件正确存储，任何想要存储文件的人都可以加入FIL，可用存储的定价不受任何企业影响。简单来说，FIL构建了一个人人都可以参与的文件存储交易市场。

对于用户而言，在FIL市场上需要快速找到存储提供者，安全的数据存储服务能吸引到更多用户。随着FIL上用户以及存储提供者的增加，提升用户体验的应用蜂拥而至，交易匹配平台依托网络，让存储拥有者快速找到存储需求者。

存储提供者需要加强自身信誉度，用户会根据信誉度挑选他们信任的对象来存储信息，汇集和索引用户提供者信誉的应用将因此得到普及。用户根据个人需求选择最适合的存储服务者，在成本、冗余性和速度之间选择适合的折中方案，并且在实施FIL应用程序时可以与任意存储提供商协商进行存储，减少存储过程中问题的出现。

控制风险、提供流动性、降低不确定性是所有产品运营的共同诉求。存储提供者和用户都需要FIL，存储提供者用于质押，用户用于支付。FIL为存储提供者和用户提供应对风险的金融服务，有利于FIL生态，为FIL参与者降低风险、保证流动性。

存储提供商可以是任何具有备用磁盘空间的联网计算机，也可以是专门为FIL构建的具有大量存储的专用系统，一旦存储提供商实施了FIL协议，他们就可以访问FIL用户，打破中心化存储的痛点。

探索FIL网络在存储之外的商业应用，首先，支持Web 2.0和Web 3.0的商业机会，使区块链能够落地应用。其次，依托FIL得天独厚的优势搭建网络协议和平台。对社区来说，有很多领域值得进一步探索。

Web 3.0是互联网的下一个发展达标点，是软件开发领域的一项重要事件，致力于将集中式应用程序转变为分布式协议，因此Web 3.0架构上的应用程序不再具有单一控制点，打破了中心化。Web 3.0是一个开放协议的世界，用户可以拥有所有权，收回对其数据的控制权，本质上Web 3.0是通过同级之间共享文件来允许FIL的存在，因此说，Web 3.0的新功能给FIL带来了巨大价值。

直到今天，全球内很多企业仍然依赖集中化存储数据，这些企业若想要继续安全无忧地存储所有数据，就需要引入FIL网络，未来FIL的交易无可限量。

从FIL构建的生态可以看到，官方一直在致力于打造真正可落地的存储应用程序，在严苛的经济模型背后，需要优秀的边缘计算者以及严格的信誉管理体系，才会造就最优质的存储服务。

确立FIL的大规模应用需要经历4个阶段：

第一阶段——炒作，在FIL上线后的6个月。

第二阶段——升级优化，是项目从6个月到1年的阶段。

第三阶段——落地应用，是项目的启动阶段，大概需要3～5年的时间。

第四阶段——大规模商业应用，需要5～10年的时间。

只有加速FIL的落地应用，才能让更多人看到FIL的价值，使得FIL的交易更好地服务于大众。

FIL的对手

下面将FIL与Amazon S3，Google Cloud Storage进行对比。

FIL的价格由公开市场决定，有许多小型独立存储提供商进行集权，可以由网络独立检查，公开验证其可靠性，在API方面，应用程序可以使用FIL协议访问所有存储提供商，如果出现问题，FIL协议无须人工干预即可确定问题原因，且FIL入门门槛低，只要有计算机、硬盘驱动、互联网连接，个人也可以进行参与。

Amazon S3，Google Cloud Storage的服务器由企业设定价格，少数大公司进行集权，由公司自行报告统计信息以确定可靠性，应用程序必须为每个存储提供商实现不同的API，如果出现问题，用户要与支持服务台联系并寻求解决方案，这就提高了存储提供商的入门门槛。

FIL常见问题。数据在FIL上存储相比于集中式云存储更具高性价比，FIL为数据存储创造了公平竞争的市场，网络上存储提供商会提出不同的价格，没有固定的限制金额，官方期望FIL的无许可模式和低门槛会带来一些有效的运营机制和更加优秀的存储方案。

如果用户丢失了数据本身，就没有办法进行恢复，用户的奖励也将被削减，但是，如果数据本身可以恢复，好比用户只是错过了Windows Post，那么只要进行恢复就可以重新获得该数据内容。

FIL奖励在AMD上效果最好，准确来说，它在Intel CPU上的运行速度比在AMD上慢得多。它在某些ARM处理器上具有极高的竞争力，但是缺少RAM来密封更大的扇区，在AMD处理器上有这种优势的主要原因是执行了SHA硬件指令。

如果要从IPFS或远程固定层中检索数据，在最不理想的状况下，检索应花费毫秒的数量级，FIL网络检索的最新测试直接表明，保存数据的密封扇区需要大约1小时才能解封，从部门启封到数据交付，最好的情况估计是1～5小时，如果需要为应用程序更快地检索数据，Powergate或IFPS可能更适合用户去构建存储。

在数据存储过程中,如果发生数据遗失或数据无法访问的情况，就会导致抵押损失,同时有效存储会被清零,算力也会归零，在一定程度上，服务器集群运营商的声望也会受到影响。

区块链技术应对互联网发展不断进行加强，IPFS/FIL生态也在不断完善下吸引了加密领域中的更多开发者，分布式存储也将在即将到来的Web 3.0时代进一步做出更大贡献。

FIL的核心优势

在区块链行业中，被称为“数字资产的断头台”的美国证券交易委员会（U.S. Securities and Exchange Commission，SEC）是令所有项目忧心忡忡的机构，因为它屡次对数字资产大打出手，导致价格暴跌的情况频频发生。

1934年，SEC根据证券交易法令而成立，是直属美国联邦的独立准司法机构，负责美国的证券监督和管理工作，是美国证券行业的最高机构，具有准立法权、准司法权和独立执法权。

FIL的特别之处就在于它是首个在SEC的D条例下进行募资的区块链项目，2017年初FIL立项，协议实验室就向SEC进行了募资报备，并获得了SEC的D条例许可，此后的募资行为严格遵守D条例进行。

D条例是什么？它是SEC制定的关于私募证券发行的规则，其对美国私募证券发售过程中的各种行为及资格做出了详细规定，其中包括发行人应以合理的监管确保证券的购买者不是承销商，发行人在首次出售证券的15日内，应向证管会申报Form D发行通知。正因为D条例规定严格，具有一定的保障，所以FIL在进行相关监管时会相对宽松。

FIL的首次募资就创下纪录，打破了区块链行业最短时间纪录，募资金额也达区块链行业最高。短短1小时之内，FIL成功募集到2.57亿美元，这个结果让所有人出乎意料。由此可见，FIL的起点就比其他项目高出很多。

这次募资被美国的多家媒体竞相报道，FIL大放异彩。其中CoinDesk官网发文：《60分钟内2亿多美金破ICO记录》。Cointelegraph官网发文：《2.57亿美元的ICO项目FIL具有新的启动时间表，双子座托管解决方案》。观察家报官网发文：《FIL ICO因何得到美国证监会的认可》。

这让FIL自立项之日起就与其他传统区块链项目拉开了差距，优势独有，也侧面证明了FIL的价值，作为FIL的行业从业者，更应该坚信FIL的实力。

FIL除了大家熟知的优点以外，还有很多没有被放大的优点。FIL上的应用程序可以使用相同协议，将其数据存储在任何服务器上，且服务器存在多个API接口，有利于简化生态开发。

FIL通过通证设计解决了IPFS激励层部分的问题，鼓励IPFS的生态系统可持续扩大，打破了云存储模式，建立了全新的算法市场。

打通数据底层交换障碍，拓展数据区块链和互联网，数据交换通过统一的标准，再无障碍，让区块链和互联网数据强强联合，共同发展。

FIL不会对存储的信息进行锁定，因此如果用户想要将数据迁移到不同的存储提供商就更容易，因为他们都提供相同的服务和API，用户不会因为依赖于提供者的特定功能，而被限制数据信息，从而无法进行迁移。

此外，数据采用内容寻址，使它们能够在节点间直接传输，无须用户下载和重新上传。传统的云存储提供商通过降低存储检索数据的成本来锁定用户，而FIL反其道而行，其通过完善数据检索功能，让节点降低成本，检索数据给用户。

FIL上运行用户端和存储提供程序的代码是开源的，存储供应商不必开发自己的软件来管理基础设施，每个参与者都在FIL代码的改进中获益。

在FIL上开发自己的应用，快速建设FIL生态，相较于传统的云存储，FIL以绝对优势进入这个变化莫测的赛道，既加速了FIL的快速增长，也为整个区块链解决了价值存储难题，延伸了区块链的能力边界，使得区块链在数据确权、安全透明、不可篡改的基础上，提升了可处理的存储容量，降低了区块链的落地门槛。

FIL位于IPFS分布式存储上的激励层，通过发行通证FIL，鼓励人们在IPFS网络上使用检索服务、存储资源、宽带资源等服务，从而建立一个强大的新型互联网。IPFS拥有极强的技术能力，同时也有较高的风险意识，对未来有着十分清晰的规划。

FIL使用的共识算法，目前在区块链技术中是最先进的算法，是互联网Web 3.0时代、CDN和边缘计算时代的终极潮流。FIL通过区块链技术及算法，建立了一个去中心化存储市场，为数据交流和交换建立了一个统一、通用的平台，使得整个数据处理成为一个标准化的统一系统。

FIL不断进行突破，尤其是在技术层面不断做出改变，作为区块链的一部分，FIL首次采用共识，从根本上将工作量证明和权益证明结合，建立起一种共识机制，根据用户保存的数据量来衡量权益多少，这是在整个区块链构建过程中，首次将共识机制建立在有效资源的利用基础之上。

FIL首次在业内实现了存储数据和检索之间的零信任，此前并未有企业对此领域发起挑战，这是前所未有的。FIL在全球范围内建立了存储市场，自然而然也形成了检索市场，不同于其他项目概念先行却并无真实的落地应用，FIL以落地应用为主。从FIL的生态可以看到，FIL一直在鼓励存储发展，并为存储需求和应用落地给予支持，将自身发展和未来应用落地绑在一起。

FIL不受任何主体控制，不属于任何一个国家，为全球所有，跨境流通无障碍，经济流动自由，在抗审查性的加持下经得起任何考验。IPFS网络下FIL联通整个互联网的应用端，在B端和C端的相互影响下，FIL的影响力将由局部扩大至全球，扩大应用广度，有成为世界通证+世界支付工具的潜力。

在严苛的证明机制下，要求更优质的存储服务，对存储提供商的运维能力也带来了极大挑战，正因如此，很多项目应需出现或衍生出新的低门槛存储项目，其实也主要是实验室对FIL网络秉持着高质量的服务意识及长久以来的服务落地理念。很多应用早早落地，但受困于当下的技术资源，市场规模和需求难以得到匹配。

FIL的市场动向

2017年，FIL最早的投资市场出现，早期的市场秩序混乱，给项目的发展带来很大影响，随着时间推移及相关机构的维持，市场秩序得到了很大改善。FIL投资的早期市场出现了家庭版的服务器，但家庭版服务器并没有给市场带来好的结果，正是这些原因证明了家庭环境根本无法参与其中。

2019年的12月12日公测之前，市场上主流的投资方式是服务器和算力投资，就市场占有率来说，绝大多数机构采用存储服务器的方式参与投资，只有少数机构采用算力集群的方式参与投资。

FIL带来了全新的低耗能发展阶段，为存储用户和应用开发者带来了升级后的新一轮红利，FIL主网的升级对于其大方向的发展具有重要的意义。

信誉是高效市场的基本保障，人们在进行交易前必须要评估了解交易方的质量和可信度。FIL作为一种协议，其定位是支持用户的不同需求和交互模式，因此，FIL上可以有多种信誉系统来满足网络参与者的不同需求。

可靠的信誉系统对于FIL生态安全运作至关重要，用户需要从众多存储提供商里找到最适合其需求的存储提供商，信誉系统就是一个很好的依据。在首个版本中，信誉得分仅涉及存储交易可靠性，相关得分基于以下三个指标，每组指标在得分中占有的权重不同。

承诺扇区证明指标（30%）：在进行交易前，存储提供商可以提交证明来保证存储空间，并获得奖励，目的是尽可能减少发生扇区故障。

线上可达性（30%）：用户向存储提供商询问费用价格，进行存储交易，如果询问请求失败，存储将无法进行，存储提供商也会受到相应处罚。

交易指标（40%）：存储提供商完成存储交易的成功率。

2020年10月15日，FIL主网正式上线，市场出现了两极分化：一边是没有实力的厂商和投机项目退出，另一边是优质团队和资金大户入场。

以互联网等价值市场的发展经历来看，泡沫破灭之际，往往是投机者出局、投资者入局的最佳时刻，虽然此前部分企业的投机行为在很大程度上影响了大众对IPFS和FIL的印象，但FIL主网的上线也给整个分布式存储行业打了一剂强心针，这不仅是对一直以来IPFS支持者的一种回馈，也让外界看到了IPFS应用落地的希望，让更多真正具有实力的机构看到IPFS生态的巨大价值而布局介入。

据统计，截至目前，市场上已有数百个应用基于IPFS协议进行开发，网络上也已经存储了上百亿份文件，Google、Netflix、火狐等传统互联网公司都已经加入IPFS协议的使用行列，这些现象的发生也是在宣告，IPFS一定会在不久的将来分布于世界的各个角落。

中国成立了IPFS专业委员会、中国通信工业协会MESH+IPFS专业委员会、IPFS开发与应用高级工程师培训认证中心，并且拟再建10个以上区域性数据中心和超算中心，数字新基建正在悄然兴起。

与此同时，政府将出台相关标准，对IPFS存储设备进行检测认证，规范整个行业，FIL作为Web 3.0及区块链的典型代表，将承担起彻底改变传统中心化存储，实现分布式存储的重要任务。

依靠着区块链的发展，IPFS+FIL将迈入超高速轨道。虽然IPFS发展至今已经非常成熟，但是依旧没有完成颠覆HTTP的目标愿景，但是当FIL出现时，IPFS这棵大树终于有了自己的根系，可以吸取大量养分，孕育DAPP的果实，形成生态体系。

将IPFS云存储变为一个市场，FIL将承担起整个市场的交易媒介。FIL是针对文件存储设计的网络，内置经济激励机制，以确保文件长期安全的存储，FIL协议拥有数据检索、存储的功能，交易双方在市场里面提交自己的需求，达成交易。FIL的开发是为了应对数据拥堵，为愿意给IPFS贡献空闲服务器的人提供机会，贡献出的服务器内存越大，获得奖励也就越多，这是迄今为止区块链真正落地的项目。

如今，越来越多的互联网企业和区块链企业使用IPFS来存储和开发FIL的价值。Global Intelligence进一步动态预测FIL预期价格模型，并根据存储和流量产业的规模、增长率和可用成本的数量得出结论，未来FIL的价格将有质的飞跃。

普通人参与FIL也非常简单，可通过区块浏览器选择排名比较靠前的公司布局一台存储服务器，由公司负责托管、运维存储服务器，用户只用在APP查看收益。数据存储是时代刚需,而FIL可以提供更安全、更高效、更便宜的存储环境。由于FIL的运行原理比较复杂，必须要使用集群架构，服务器集群中除了存储服务器以外，还包括计算服务器和显卡服务器集群等核心设备，此外还有交换机、堡垒机等辅助设备，所以对于普通投资者来说，单买一台设备得不到奖励。FIL有质押和惩罚机制，要求服务器24小时不断网、不断电，因此买了服务器还是要托管给专业存储提供商进行管理。

云算力简单理解就是服务器租赁，其降低了投资者门槛，不管是买服务器还是买云算力，都是通过共建集群，最终根据大家所贡献的比例来进行收益的分配。而且，投资FIL云算力可以根据自己的投资预算和预期来进行理性投资。

随着新基建的建设和大数据的爆发，IPFS和FIL将为数据存储锦上添花，助力解决数据存储瓶颈和数据安全问题。新基建的建设也会推动IPFS和FIL的发展，与此同时，IPFS和FIL将成为未来新型基础建设。

但是，全球数据激增引发的存储压力，预示着区块链在将来一定会遇到瓶颈期。无论是发展和改革委员会将区块链纳入新基建的顶层设计，还是区块链在过去10年里的肆意生长，事实证明，没有大规模基础设施作支撑的区块链应用就像无水之源、无本之木，注定是空中楼阁、昙花一现。

IPFS分布式存储在很大程度上缓解了区块链的存储压力，也成为数据存储的基础设施。对于存储市场和检索市场，为了解决激励机制缺失的问题，IPFS激励层FIL相伴而生。二者在技术上存在的共性，使IPFS成为了数据存储的最佳场所。

因此，IPFS+FIL的完美组合将有望颠覆传统互联网HTTP

协议，让区块链技术在数据存储领域生根发芽，成为下一轮科技进步的强有力支撑。

FIL价值巨大，与其浪费时间考虑，不如放手一搏，FIL不会辜负每位背后的支持者。IPFS会变成最快、最大、最可靠的数据仓库，将人类数据永久安全保留。其激励层FIL将成为未来数字资产的共识资产之一、信息流通捆绑资产之一。

在众多的区块链项目中，FIL经济模型发布，一石激起千层浪，引起全球范围的广泛关注。随着技术的发展FIL经济模型正在稳步推进，这也是FIL未来价值体现的核心动力。

FIL的生态完善

首先由于FIL是一个在现实世界中使用的项目，因此它的存储也非常重要，如何才能更好地发挥存储的真正作用，这是FIL生态圈需要考虑的问题，因此，开发FIL真实存储也是FIL的重要组成部分。

其次是FIL自身对智能合约的支持，目前是FIL 1.0上线，可以期待在接下来的几年里，FIL 2.0、FIL 3.0等更新版本的出现。

最后就是FIL目前正在做的，将来如何提升TPS（系统吞吐量）的问题。

总之，分布式存储项目层出不穷，但是如果将分布式存储项目进行排名，第一非FIL莫属。

FIL存储提供商通过对质押FIL的购买，在奖励机制中官方会释放一部分区块，存储提供商利用奖励FIL进行抵押，维护设备运行，如有缺失，在市场流通的FIL中，存储提供商也可购买来进行投资。对于算力的封装，官方通过下调释放和质押两种机制来作为标准，进行FIL的借贷服务，向相应的平台来借贷FIL，用来封装算力，借贷模式也随着各平台差异不尽相同。

FIL网络要发展，存储提供商报价就要远低于传统巨头，很多行业亏损就来源于低报价，但低报价的同时又意味着行业的颠覆。那么存储提供商的利润将在哪里产生？显著的低报价，将会产生商业需求，存储提供商的利润就源于FIL价格的波动。

根据有关研究表示，供需决定价格，FIL的价格涨幅主要由流通中FIL的数量与需求规模决定，并波动在合理范围内。

FIL通过存储服务器的存储算力获得FIL，它利用时间跨度作积累，然后在未来某个时间点以合理的价格出售。有人说："FIL是延时满足者的游戏，因为他们关注的是价值而不是价格"，相比于期待FIL主网上线时巨大浮动的价格，更应该看重的是浮动后的价值。

IPFS和FIL相互依存，如果某方偏离，剩下的另一个将会很难发展。IPFS用于查找和传输数据并作为基础设施存在，FIL是IPFS的经济激励系统，通过结合激励模型来构建去中心化存储市场。FIL是区块链3.0技术的代表，将带领人们进入区块链的数字新时代。

FIL是IPFS官方唯一的激励层，是近年来出现的最具全球共识、最具技术创新、最具生态应用的项目。IPFS是“长长的坡”，这一赛道安全长久，没有天花板，在存储产业链的承接和互联网下半场的发展上有无限的想象空间；FIL是“厚厚的雪”，在IPFS的坡道上一定会滚出越来越大的雪球，成就划时代的新一代企业家的伟业。FIL的投资选择是长期主义者、稳健主义者和价值主义者的结合体。

FIL的价值解析

首先，从大数据产业角度看，FIL的价值体现在大数据新兴产业的价值基础上，大数据、人工智能和云计算是未来最具高成长性的新兴产业，大数据的根性价值决定FIL的投资价值，大数据的根性越发达，FIL的投资价值就越大。

其次,FIL除了具有大数据的根性产业背景外，在底层逻辑上还深扎在前沿技术——区块链技术的基础上。区块链技术是科技发展的新风口，技术迭代化、去中心化、深度社区化和生态应用化是区块链未来“四化”发展的方向，而FIL恰恰兼具“四化”于一身，特别是在生态应用化——分布式存储上，有着无限想象的空间。FIL被誉为“杀手级应用之王”，实至名归，随着FIL从扩容到检索再到生态落地，其应用价值将会更加凸显，FIL的价值也自然会水涨船高。

世间从来不缺“藏在深闺人未知”的优质产品，缺的是“众里寻他千百度”的慧眼识珠，FIL生来就不委屈于“深闺”中，它是不羁的野马，目标是征服整片草原。

最后，随着质押FIL释放、检索和生态应用的逐步落地，市场中流通的FIL稳步增长，交易更加多元化，其价格也自然有着更大的上升空间。商业需求的不断增多，也将提升FIL价格的涨幅空间。

FIL的供应分为以下四方面：

FIL基金会5%，6年逐月线性分发。

投资者10%，分为6个月、1年、2年、3年，共4种情形，逐月线性分发。

协议实验室15%，6年逐月线性分发。

存储提供商70%，Mining block reward，即出块奖励，每6年减半分发（6年半衰期）。从供应量来看，市场是一个合理、长期、稳定、诚信的环境。

供需决定市场行情。在低价格市场，需求稳定增长，商品数目总量限定且缓慢分发，由此推测，FIL网络的需求可能会逐步增长，这增加了流通中的FIL数量，而迁移落地的商业需求与官方质押机制决定了参与方应先购买。存储提供商本身提供存储与检索服务，相较于传统巨头并无优势，但是，有限流通的FIL的商业需求预期在持续增长，这就决定了价格方面的上涨空间，其上涨空间与需求规模及其增速都息息相关。

价格涨幅决定存储提供商收益。FIL价格波动，用户购买检索服务与存储的价格将锚定在法定货币上，而且有一定的优势，比如价格优惠，以满足更多商业需求。

价格涨跌的空间，表明了存储提供商群体在回本上选择长期持有才是最佳策略，因此，FIL价格涨幅决定了存储提供商的收益率。

共识在某种程度上是价值的体现，是价格的支撑。FIL从实验室组建到第一次最短时间最大额度募资，再到主网上线，凝聚了全球范围内最大的共识，相信随着检索市场的打开和生态应用落地，FIL将再次以王者的身份，掀起更大范围的全球化浪潮。

穿越牛熊周期

高筑墙，广积粮，缓称王，对照多年HTTP革命技术的漫漫成长，可以预见IPFS从2020年10月15日主网上线到2026年迎来算力减半，一定会从不被认可到认可，从不被看好到看好，从不被相信到深信，从熊市到牛市轮回转化，从不断抛售到长期持有。因此耐不住寂寞就看不到繁华，时间不会停下前进的脚步，有些选择可能在短期等待中看不到希望，但是只要选择正确，再久的等待最后都会成为巨大的回馈，回报每位长久以来的支持者。

将事前的忧虑转换为事前的思考和计划，不同的人会演绎不同的FIL财富神话和精彩故事。同一个人，在不同的时段，也会经历不一样的认知和财富转化。认知很重要，不懂不碰，宁可错过，也要少犯错。只有穿越过熊市的存储公司才是真正的存储公司，只有穿越过熊市的存储提供商才是真正的存储提供商。如果怕刀刃伤了自己，而不与磨刀石接触，就永远不会锋利。

从2020年10月15日上线至2021年上半年，FIL迎来了第一个牛市，很多不了解FIL的投机客纷纷上车，随着牛去熊来，对这批投机客而言，调整心态、提升认知才是最为重要的。贪婪是人的本性，但聪明的人懂得克制自己的欲望。投资者都需要承担别人所不敢承担的风险，当然也应该获取相应的回报。

投资是计划未来的财富，不是解决眼前的燃眉之急，长久的计划才会带来更大的财富，着眼于当下的得失只会损失更多本可以拥有的财富，秉持长期主义，才能拥抱时间带来的收益。

对有问题的公司和算力超卖的营销公司来说，熊市是一道生死考验，也再次提醒IPFS所有的从业者，路漫漫其修远兮，吾将上下而求索。俄罗斯著名思想家车尔尼雪夫斯基曾说过："历史的道路不是涅瓦大街上的人行道，它完全是在田野中前进的，有时穿过尘埃，有时穿过泥泞，有时横渡沼泽，有时行经丛林。"IPFS也在田野里前行，只有走过万千阻碍，才能看到一片朝阳。

分布式存储新业态的前景是光明的，但道路是曲折的，只有不断地提升认知、纠偏正向、俯身前行，才能坚定信仰、一枝独秀、笑傲江湖，真正赢得属于自己的财富人生。

FIL从根性上看，是植根于大数据新产业上的，它的产业性、应用性、技术性、共识性、国际性决定了它的长远价值，FIL的产出与其他高耗能不同，是绿色环保真应用的，在大方向上还是与国家的政策方向一致的。要正确理解国家出台的系列政策的针对性和边际线，只要每一位从业者正确理解，正确宣导，强化行业自律，一定会良性健康发展！

第四篇

甄选平台的四大逻辑

IPFS的出现，让更多的人看到了它的前景和未来。一个行业的选择，一个平台的甄选，对于参与者来说特别关键，选择不对，努力白费。自2015年IPFS实验室组建以来，很多公司跃跃欲试，试图参与、分享IPFS这一颠覆性技术带来的财富盛宴，但一次次的主网推迟上线，不断地给这些IPFS早期的共识创业者当头一棒，更有居心不良的公司拿IPFS作概念和噱头，吸引不明真相的投资者参与，但纸毕竟包不住火，谎言终归是谎言。

第一章　技术逻辑

2017年IPFS第一次完成募资，创造了全球最短时间内募资2.57亿美元的纪录后，一些有长远眼光的创业者再次积极跟随，布局IPFS赛道，注入并传递了正确理念，在某种程度上纠偏了公众对于IPFS的偏见。2020年10月15日主网上线前后，存储类相关科技公司如雨后春笋般纷纷出现，在官方商业模型未明确之前，不少早期投入市场的公司成了问题公司。各家公司为竞相争夺市场使出了浑身解数，让投资者在选择面前犹豫不决，“踩坑”现象也层出不穷、防不胜防。那么到底如何甄选公司，降低投资风险，下面将从技术、供应链、金融和运营四个维度给大家提供一套平台甄选逻辑。

技术是公司的命脉，技术是公司发展的引擎，技术是公司竞争的核心，无论是大数据的传统存储技术，还是区块链的底层技术，又或是IPFS的新型分布式存储技术，你会发现存储产业因技术而生，也因技术而存在，更因技术而发展，因此技术自然成为甄选平台的第一要素。

运维技术是基础

运维技术是公司运行的基础要求，数据库的部署和运维是一个技术性极强的工作，现在数据库的安装越来越简单，但运维依旧是一个技术活，特别是遇到问题的时候，运维工作主要依托于第三方机房进行，从运维技术层面上来看，首先要考虑机房条件是否安全可靠。

选择IDC机房一般需要考虑诸多因素，比如机房规模、延伸扩容、线路接入、机房建设投入、带宽总进出口、核心基础设施有无备用和机房投入运营时间等。IDC机房不是越新越好，2～6年的IDC机房年龄最佳，运营超过10年的机房面临设备老化的风险，故障率上升，新机房要测试电力配电是否合理，24小时不间断电源等，以保证服务器存储的每一份数据正常交互，数据使用安全、高效，收益更有保障。而这一系列工作需要经过时间检验，同时也是运维工程师综合实力的全面体现。

IDC机房中的服务器是细胞，也是基础，需要电脑一直运行做运算，对硬件的配置要求较高，长时间做大量运算都有损耗，而且对电脑供电要求有严格的标准，必须确保不断电。

由于FIL全网以规模化高速发展，所以在IDC机房布局的时候要提前考虑后续的扩容问题。比如对于可布置150台机柜的机房来说，如果机房没有剩余的机柜，再进行扩容时候就需要重新布置IDC机房，而这又面临场地有限、需要再次支付费用等诸多问题。

IDC机房不仅仅是硬件的组合，整个运维团队也会对IDC机房进行全方位的监控和维护。硬件层面上包括对消防、空调系统进行检修，对硬件设备CPU、GPU等进行维护；软件层面上包括通过系统对服务器资源进行合理配置，抵御攻击和保障IDC机房的安全。

调节温度的能力取决于相关的基础设施。例如：有无冷热隔离，有无负压风机，有无防尘罩，有无厂房温度监控等，电力资源、网络和温控也是影响存储服务器运行的重要因素。

公司维护人员的配备很重要，自己的技术人员与托管的IDC机房人员共同维护设备，在人力配备上并没有太大投入，而IDC机房也是耗能相对较低的绿色机房，和传统偏远地区高耗能的机房有本质的区别，单就耗电这一项而言，IDC机房就具有很大优势。

一般来说，有技术实力的公司运作模式稳定，人员配备齐全，在服务和资源上都是一般公司无法超越的。在之前市场低迷时期，不少公司无以为继，纷纷退出。以有实力的公司的运作体量来说，他们可以争取到更多优质资源和更有竞争力的价位和服务，因此在生存能力上就有巨大优势，相对来说，一旦有状况出现，就可以及时有效地进行处理。

有技术实力的公司在专业团队运作下，服务器的质量可以得到充分保障，只要服务器可以顺利运行，那么每分每秒都会产生收益，因此尽可能减少停运，就是对收益最大的保障，这也是对运维工程师最基本的要求。实力公司与品牌厂家的合作可以有效保证存储服务器的来源和品质，并且在专业和规范的运维基础上，可以更好地保证设备的运行状态。

从硬件抵达公司的那一刻起，设备的收货、上架、供电、开机、网络配置、维修和下架等所有过程都由运维工程师打理，因此说找一个靠谱、安全、有职业操守的公司负责运维相当重要。

公司经营时间也是一个参考指标，经营时间是公司生命力、风控、专业程度的体现，经营时间越长意味着有更多的实战经验，更具备穿越牛熊周期的生命力。安全、靠谱、有操守的公司在很大程度上保障了设备的安全。公司的业务能力体现在存储提供商的收益上，运维经验和管理水平不仅体现在对故障、异常情况的及时处理上，还体现在提前预防上，比如，有的公司会做网络隔离，即使出现突发事件，也能将不良影响控制在最小范围。

运维工作看似简单，实则不然，里面包含了大智慧，其中涉及人员管理、设备维护和成本管控等，如果这些问题处理不好，有可能会导致公司利益受损、回本周期延长、团队离职率高和运行效率低下等问题。

公司建设是一个集人力、财力、物力于一体的工程，需要多方合作，共同努力，而公司里的运维工程师就是整个公司的根基。

从IDC机房的各项设备管理开始，点滴之间都与运维工程师有着千丝万缕的关系，其重要性和关键作用不可或缺。算力机、节点机和证明机等都是运维的事项。面对自然灾害、黑客攻击防护等各种不可控因素，大体量公司在达到一定规模后，会在安防上进行投入，“掉算力”就会带来主网的处罚，运维工程师应提前做好预案。

算法技术是关键

IPFS在主网上线运行一段时间后，各公司都积累了一定的基础运营经验。运维技术各家几近趋同，因此单从运维技术来衡量一家公司的技术优劣远远不够，拥有多少算法工程师、算法技术的高下就成为衡量公司技术实力的关键指标。

既然算法技术如此重要，那什么是算法呢？算法即开发运行程序，需要CPU指令集、显卡指令集等，关键地方要用汇编优化。算法的类型主要分为两种：PoW算法和PoS算法，PoW各种算法之间的差别很大，而PoS各种算法差别很小，PoW算法相较PoS算法更为安全。

FIL激励步骤可以简单拆分为worker和miner两个步骤。worker负责计算，将原始数据通过SDR算法进行数学计算，然后再将计算好的数据封装到硬盘的扇区中，并提交上链生成复制证明，存储提供商就获得了算力，这个过程需要消耗大量的CPU、内存和GPU资源。FIL网络再根据存储提供商所持有的算力分配区块打包，其算力越大，赢票率越高，存储提供商在参与区块打包的时候需要重复提交时空证明，完成时空证明的节点就可以获得区块打包的奖励。

一家专业的IPFS集群里所部署的设备，远远不止一台存储服务器这么简单，IPFS集群是分布式计算+存储综合集群方案。IPFS集群的硬件配置一般会将计算和存储分离，分别搭建计算集群、存储集群，以及zk-SNARK（零知识证明）集群。存储提供商获取算力的过程主要是靠CPU、GPU以及内存的性能，也就是集群计算集群的性能，根据用户所购买的存储容量占集群总存储服务器的数量（承诺容量）比例分配收益。

因此，目前一家公司每天所获得的有效算力不是取决于用了多少台服务器，而是看计算集群的硬件配置、集群方案以及算法优化的能力。在得到奖励之后，再根据其销售了多少台服务器，按比例进行收益分配。

算力机进行封装打包，可以高频次使用，有实力的技术公司因算法优化在封装方面要高于普通公司，同时在FIL爆块速度上也有优势。要保证集群的数据封装效率，算法技术是关键，只有好的算法才能保证足够的收益率。

架构技术是核心

集群规模在达到一定的体量后，在运维和算法技术的基础上，着眼部署整体设备，在更高维度上，全方位做技术优化，提升技术赋能。

架构工程师在计算领域内稀缺，在顶层搭建优化上有更好的造诣。拥有优秀的架构工程师才是一家公司技术的实力所在。架构按工作的软件层可划分为网络架构、系统架构、数据架构、业务架构、应用架构和平台架构。架构按解决问题的领域层可划分为电商架构、支付架构、搜索架构、安全架构、性能架构、游戏架构和多媒体架构等。架构按工作的深度层可划分为集成架构、业务架构、模块架构、框架架构、中间件架构、软件架构、引擎架构、服务器架构和编程语言架构。因此说，在架构师的世界观里一切东西都需要有架构，软件也需要精心的架构设计，在优秀的程序员眼里，每一行代码都需要架构，而成为一名架构师，需要的不仅仅是常年的工作经验，还需要热爱的状态和发展的眼界。

架构设计要素主要呈现在多个方面，从单一节点到存储服务器集群，优化架构设计与存储提供商的收益息息相关，也与公司收益密不可分。

部署集群架构是架构工程师优化的重要环节。首先，硬件要符合存储服务器的基本规范，不追求夸张个性的外观，按机头+存储柜（通常为1+2或1+3）这种弹性可扩展方案设计，便于在设计最大性能内可以随时扩展存储，这样扩展成本相对较低。机头电源及内存应扩展为冗余方案，以承载达到千级甚至万级的P2P链接，机头CPU配置要高，以承载系统调度与出块运算，机头主板性能要好，以承载各设备均衡吞吐，机头带有基本存储单元，存储柜为独立扩展单元，同时也要考虑到防尘、散热、防震等基础设计。

其次，软件架构优化也是架构工程师最耗费心力的地方。架构工程师要在算法工程师编程的基础上，精心优化算法，以更加犀利的眼光着眼全局，找准基础算法的软肋和不足，以颠覆和创新的勇气发现新方向，找到新路径，从而提升整体算力水平。

第二章　供应链逻辑

存储公司除了首要的核心技术要素以外，硬件代表的供应链也是不可或缺的要素。存储供应链是一种新业态，工欲善其事必先利其器，IDC机房、显卡、芯片和散件四大件被誉为存储公司的新武器。存储业整合上、下游资源，聚焦性能算力产出，将促进生态产业圈，打造黄金供应链。

这台设备能不能得到更多奖励，其核心的部件就是芯片，硬件由芯片、散热风扇和电池等部件构成。其中，服务器的芯片需要极强的研发技术实力，以同全球不断上涨的算力赛跑，并和科技进行接轨，因此，在采购硬件时要挑选实力强悍的上游品牌。

掌控力才是主线条

分布式存储型的公司，大多是随着IPFS主网上线前后诞生的新公司，因此各家公司几乎都在同一起跑线上。硬件采购是各公司都要面临的具体问题，但其应对策略和解决方案各不相同，把硬件上升到供应链的高度，需要有战略眼光和决断力。

对供应链的掌控力是主线条，特别是在市场高热度的前提下，谁有货谁就是王者，正装全套、性能好、价格优会给市场带来强有力的保证，特别是充足的正规货源则是同业间竞争的利器。

掌控供应链的标志是市场高峰期有货源，市场低谷期少库存。要做到这一点，就必须从长远发展的眼光出发，做出准确的行情预判，科学统筹谋划、提早下订单是应对高峰需求的最佳办法。

对供应链没有掌控力的公司恰恰相反，市场峰值期缺少货源，要么苦苦等待丢失市场份额，要么高价从同行手中拿货，而在市场低谷的时候，囤有大量的高价货如鲠在喉，增加经营成本及经营风险。

因此，要想在分布式存储赛道上深耕，就要牢牢掌控供应链的这条主线，由专人大量对接上游资源，筛选有价值的合作伙伴，建立深度合作关系，确保拿好货、不断货、有备货、不积货。

性能与匹配是看点

硬件采购掌控力是主线条，但硬件的性能与匹配是非常重要的依据。性能决定算力和寿命，硬件之间的匹配性也是有效算力的保证。

如何采购到合适的硬件呢？理论上来说，选最新的型号最好，最新的硬件功耗小、算力高。选择服务器一看算力、二看功耗、三看口碑，以及机器稳定性、售后服务情况等。算力就是一台机器进行运算的能力，也就是这台机器每秒能够进行多少次哈希运算，功耗是设备运转时消耗电量的一个指标，设备一般情况下会24小时持续运转，因此功耗有时看似相差很小，但实际上长年积累下来，成本会具有极大的差距。

在硬件的匹配当中，芯片产业一直处于跌宕起伏的周期中。

芯片几乎被用于所有的电子产品中，因此芯片业的销售预测是所有电子产品销量的风向标，如矿业、传感器、引入先进技术的汽车以及智能手机等。

显卡如脸庞呈现整体。2020年下半年牛市行情以来，显卡价格上扬，许多厂商赚得盆满钵满。显卡像煤矿一样，成了稀缺资源，设备运行首选高性能显卡，核心的频率会影响运行速度，高频显卡的优势就凸显了出来，低端显卡和旧架构的显卡不适合用于服务器，显卡的大小对运行影响不大，够用即可。

散件如肌肉构成完整框架。除了上面提到的主要硬件外，主板也很关键，有一块配备超多PCIE插槽的主板非常重要，它可以省下大量的经费，此外还有标配闭环冷却系统、静音风扇、静音高压泵和超高效散热器等重要配置，小配件的选择也很重要，如延长线、自带供电接口、利用USB线连接，可满足显卡运行时的数据传输需求，确保安全和效益。

带宽如经络贯穿全身。比如，在打游戏时，游戏区域会分区为移动区、联通区和电信区，如果移动网络连接联通区打游戏时，就会出现卡顿等现象，也就是说该游戏的服务器只接入了联通的网络，移动用户体验就会变差。因此IDC机房需要选择匹配的网络运营商，以保障带宽顺畅。

散装机和品牌机有着天壤之别，因此不能简单地以价格高低来作为选择硬件的依据。品牌机不仅性能好，而且寿命长，后期的坏损率会大大降低，其价格虽高于散装机，但综合成本远小于散装机。另外，选择同一品牌的多种硬件往往比多品牌组合的硬件在匹配性上更具优势。

第三章　金融逻辑

分布式存储平台，从根性上看，技术是主要内涵，但其本质上是金融属性的平台。在某种程度上，技术与金融构成了这种新业态的双内核，如果说技术是命脉，那么金融则是咽喉。

产品思维、技术思维、营销思维和金融思维是截然不同的思维形态，而且在一定程度上是相互矛盾的，金融思维较之于其他思维是比较稀缺的，企业家往往擅长产品、技术和营销，但却缺少对金融系统的认知，因此在做决策时最容易掉进产品、技术、营销的陷阱，而错失企业发展的黄金期。

存储业的金融属性决定存储公司创始团队不仅要有金融思维，更要有娴熟的金融方案，充分利用各种金融工具，在风控和效益之间找到平衡点，引流企业快速健康发展。作为投资人能从金融维度客观中肯地评估一家公司，就显得非常重要。

自有实力才是高起点

目前，随着IPFS主网上线，大大小小的公司都满怀信心迈入分布式存储这个细分赛道，其中不少的公司仅凭着对IPFS的一腔热血，过分包装，轻投入进场，只想通过市场实现低成本运营。这种先天实力不足的硬伤，显然是对新业态金融属性认知的严重缺失，要么发展停滞，要么畸形发展，给分布式存储业的健康发展带来了干扰，产生了负面影响，不仅难以突破技术大关，而且会造成行业乱象，最终成为IPFS发展道路上的绊脚石。

因此前期投入的多少、自身实力的高低也往往会成为对公司评估的窗口。只有对分布式存储有充分认知和准备的创业团队，才能够在投入上倾其全力，而招募优秀的技术人才和采购硬件设备都是一笔不小的资金。这种真枪实弹的配置、真金白银的投入、真抓实干的态度不仅反映了平台的财力，也体现出其综合硬实力。

因此小公司，特别是以营销为主的公司是风险较高的一类公司。投资人一定要睁大眼睛，保持清醒的头脑，从各个纬度，特别是细节处判断公司的真实性、可靠性，切不可从瞒天过海的宣传或扯虎皮、傍大款的所谓背书来简单判断公司的实力。FIL虽然价值可期，但投资人因选错公司而导致投资受损，甚至无法兑付的案例比比皆是。

另外，更要警惕以IPFS作概念、FIL作噱头的公司。随着IPFS的进一步落地应用，FIL的价值越来越高，一定会有不少居心叵测者胆大妄为，也正如越有投资价值的机会里越会充斥大量的投机成分。在酒业里，茅台酒较好，因此假茅台较多；在烟业里，中华烟较好，因此假中华较多；在奢侈品里，路易威登知名度较高，因此假路易威登较多……

自有实力不但包括诸如资金、技术和团队等硬实力，也包括创业者初心、使命、格局和人品等软实力，只有硬实力过硬、软实力不软，才能体现一个平台全面的实力。

硬实力、软实力归根到底是靠人才的实力。起点决定终点，低起点在各环节发展中将会受阻，高起点相对而言有技术、人才和资金等各方面的保障，发展速度较快，有后劲和底蕴，财大气粗，兵强马壮，自身实力超前，启动才能跑出加速度，发展才能创造高质量。

C端方案要有竞争性

大多数公司往往都是从C端开始起步的，C端用户量大、门槛低，更容易启动市场，也能在低维度入口上筛选和过滤种子用户。但不同公司的C端用户方案不尽相同，如何在合规和风控的前提下，制定更具竞争性的C端方案，成为公司起好步的关键。

合规、风控和竞争性是一种天然的结构性矛盾，不考虑市场需求，过分强调合规及风控，制定的方案注定没有市场竞争性，必然偏向保守，失去市场竞争活力；当然，完全忽略市场合规与风控，一味迎合市场，出台的方案虽然一时发展速度快，但却埋下许多风险，一旦不能及时给市场相应的收益或受到监管的严查，将给用户和公司带来灾难性的致命一击。

C端用户以T为单位进行合作，目前市场售卖1T的算力价格也各不相同。作为C端投资者，要理性地看待每家公司的方案。不要贪小便宜，不要一叶障目、不见森林，要有长远眼光，要能抓住问题的本质，要明白天下没有白吃的午餐，只有平台健康长远发展，每一份投资才有安全稳定的回报。

良性发展的平台一定会高度重视算力产品的制定方案，在合规、风控及竞争性上，找到最佳的平衡点，既不丧失合规的底线、风控的原则，又不丧失市场的竞争性，切忌盲目追风、偏听偏信、草率而为。

B端比拼资源和渠道

有的公司从C端起步，再开发B端，有的公司直接从B端切入，作为B端与C端用户，用户画像不同，自然竞争的策略也要有所区别。

B端大多指的是大代理和渠道，因此代理的开拓能力和市场的资源就成为了关键，不管直接切入B端还是C、B端同步，比拼的都是资源的质量和渠道的有效性。

那么平台如何能够吸引到优秀的代理呢？合作必然有要求，俗话说，栽得梧桐树，何愁金凤凰！只有平台找准定位，强化优势，增强实力，才能经得起市场的考察和选择，只有强者才能吸引强者，只有钻石才能切割钻石！

吸引到优秀代理只是平台良好开端的第一步，最关键的是守住初心，践行诺言，提供优质的服务。服务不仅是一种意识，更是一种能力。行行都是服务业，环环都是服务链，人人都是服务员。服务的最高境界不是“还行”，而是“惊喜”。

渠道不是天上掉下来的馅饼，而是有准备的人精心经营的结果，抓住渠道，就抓住了业务海量的批发口。C端是零售，B端才是批发，重视带来加强，轻视带来涣散，强部门就需要强将带领，只有对渠道的投入足够大，渠道业务才会有良好的保障。

第三方通道长袖善舞

金融的属性是水性，水最大的特性是适应和柔性，这个世界最大的不变就是变化，不拘于C端和B端，以水性思维构架重塑第三方金融通道，方能游刃有余，才能长袖善舞。

那么到底什么是第三方通道呢?

DEFI质押借贷。有的投资者可能前期准备不够充分，但又对FIL的认知很有高度，如果资金不足，可以通过各大平台的第三方通道进行获取，DEFI借贷就比较合理，在承担相应的利息后就可以拿到对应额度，从而解决燃眉之急。

以金本位为商业模型，按照传统金融的理念和思路，将FIL投资收益周期简单转化成传统投资人能接受的方式来设计第三方方案。

也可以成立一家公司，利用股权众筹的方式加专业团队分成运营的思路进行设计也不失为一种落地方案。对于专项大额资金，比如产业基金、政府引导基金等，要充分考虑它们对安全性的核心诉求，可以参照上市公司风险规避的设计思路，成立一家大数据供应链科技公司，直接对接基金方，以租赁的方式将设备租赁给其他关联存储业务公司，将预期收益转化为固定租赁费，从而解决安全性问题。

总之，第三方的方案不胜枚举，这里不一一举例。只要紧紧抓住设备采购和质押FIL问题解决这两个关键点，利用金融思维，合理、合规地采用金融手段，就一定会设计出多元化的实效解决方案。

第四章　运营逻辑

在方向确定后，人就成了决定性因素。新业态、新产业要爆发，运营是关键，强运营才有强结果。从投资人选择的角度来说，洞悉和评估一家公司的运营能力是甄选公司的重要指标。

运营对一家企业发展有着至关重要的作用，简单地讲，运营是基于企业的正常运转，从建章立制到系列决策，包括硬件采购、竞争策略、财务统筹、风险把控、资源聚合、公共关系等到企业执行力的综合体现。同样的赛道、同样的业态，运营能力不一样，结果一定不一样，企业经营表面是规模、利润的差异，实际上是运营者格局、思维和运营能力的差距。

专业团队定乾坤

运营既然如此重要，运营的核心是什么？答案是专业团队。好的公司在创始团队构成上具有三大特点：第一，非常专业；第二，结构互补；第三，团结一致。

首先看专业性。专业性对一家公司的运营能力起着至关重要的作用。只有专业化方能职业化，唯有职业化才能出神入化。团队不论是从一开始组建时，还是运营阶段时，都需要高度重视专业性标准，提升专业性的水准。强专业就是高起点，随着公司体量的增加、市场环境及监管政策的变化，有远见的掌舵人总是通过不断的组织学习，千方百计地提升团队的专业能力。掌舵人是团队的灵魂，掌舵人的性格、情绪、经验、决断力和行事风格等将直接影响团队的整体战斗力。

其次是互补性。好的创始团队互补性非常强，最佳的互补结构为技术背景、金融背景、营销背景相结合的“黄金三剑客”结构。若组建团队时互补性不强，就需要在公司的发展中不断优化或强化团队的专业结构，提升团队的整体效能。

最后看团结性。人在一起不叫团队，心在一起才叫团队，每个人都有每个人的个性，团队成员之间难免会有不同意见，产生分歧，造成团队冲突，然而团结是铁，力量是钢，只有避免冲突、管控分歧、求同存异，才能体现团队的团结性。面对新兴产业，应对变局和变化最好的武器就是减少内耗、团结一致。

战略品牌决高下

刚介入新产业的初创公司经常陷入具体事务，注重短期利益，无暇顾及公司的未来。战略和品牌要么是最缺失的一块，要么就是最薄弱的一块，但长此以往，重视与不重视战略与品牌的公司就会拉开明显差距。

战略是什么？战略是规划，战略是愿景，战略是蓝图,只有战略清晰，才能行稳致远。有战略的公司问题少，解决问题胸有成竹，没有战略的公司问题多，解决问题捉襟见肘，前期跑得快的公司不一定会活下来，前期跑得慢的公司不一定会倒下。

战略决定高度，执行决定深度，做战略不是做加法，而是做减法，分阶段确定每阶段的重点，聚焦所有人力、物力、精力，步步为营、环环相扣、层层递进，逐一达成战略目标是制胜的关键。

战略包含公司愿景、使命、核心价值观三大部分，是公司最核心的部分。在战略规划的过程中，愿景和使命始终指引着公司发展的方向，而核心价值观引导着战略的思考方式及执行策略。战略是一个完整的体系，包括发展战略、产品战略、风控战略、市场战略和人才战略等。一种产品能否被接受跟非产品因素有巨大的关联性，比如，推广者的财力雄厚程度和受众的社会心理的影响甚至超过产品本身。

公司要有自己的战略规划，尤其是立志深耕存储的科技公司，要高起点规划、高标准要求、高质量践行，切忌脚踩西瓜皮、滑到哪里算哪里。要带头做好行业自律，主动拥抱政策监管，切实保障投资人权益，严禁算力超卖，引导市场健康发展。风控规划，也应成为战略规划不可或缺的重要部分，从市场前端规范宣传，不夸大、不诱导。后端服务器托管第三方应严格甄选，用户参照应有标准流程并严格遵守保密条例。机房的多地分散化及出海国际化，也是保障投资人利益的重要举措。品牌作为规划中的无形资产，会给公司带来显著的影响，品牌是一家公司的灵魂，把利益放在第一位还是把品牌放在第一位，是公司经营和用户选择的重要依据。品牌是资产，它包含的个性、品质等特征，都能给产品带来无形的价值。品牌是一种肯定，品牌是一种承诺，品牌是一种责任，品牌是一份信赖。一个产品有好的口碑，才能给用户烙下一份深深的印记。

品牌就是让消费者爱上你，认同你的消费观，对你的产品忠贞不渝。比如市场上深受女孩子喜欢的某款巧克力，这个巧克力是最好吃的吗？不一定，那为什么很多男生喜欢买这款巧克力送给女生呢？因为这个品牌给消费者传递的信息是爱情，如果热恋中的男女朋友没有送这款巧克力，就好像没有恋爱一样，可见品牌的塑造已真正深入人心。

销售品牌就是销售信赖，销售信赖就是销售品牌的满意度。品牌与消费者能否建立真正的消费信赖关系，关键不在于宣传的好坏，而在于消费者的体验如何，最好的广告就是消费者对产品的超高评价，品牌只有获得消费者的意愿，才能给产品带来一定的延伸效应。卓越的品牌往往给产品赋予“生命”，从情感上打动消费者，从情结中传递一种良好的消费观念。

产品只是品牌的载体，名称是品牌的形象符号，商标是品牌的法律界定。只有当一个名称与品牌的特定内涵（即所能提供的现实产品、服务、情感体验等）建立联系，并建立品牌认同时，该名称对品牌才有速记的作用，才能形成一个品牌。

品牌是什么？品牌是购买者的记忆，购买者记忆品牌价值的多少，就是品牌的价值，换而言之品牌就是心灵的烙印。烙印是美丽还是丑陋？是深刻还是浅显？这将决定品牌力量的强弱和价值的高低。

品牌被称为经济的“原子弹”，被认为是最有价值，甚至是最暴利的投资。国际市场上有一个普遍的规律，就是在每个细分领域内20%的品牌都占据着80%的市场。

冰冻三尺非一日之寒。品牌的打造不可能一蹴而就，也不是一朝一夕能完成的，而是经过长期点点滴滴不断投入汇聚而成的，这才是公司走向强大的必由之路。品牌不是空中楼阁，更不是单纯的展会亮相，它更多的是一种价值曝光、核心影响、信任积累，而品牌在消费者内心的入驻是靠格局、真诚、责任、付出来浇灌的。

品牌建设最主要的工作是什么？有人说，品牌建设就是广告宣传。其实不然，品牌建设最主要的是产品创新，让产品有内涵而不是一具空壳。

文化是品牌建设的必然选择，产品可以被竞争对手不断模仿，而且很容易过时落伍，但品牌却能持久不衰。事实上，品牌的价值已超越产品本身，因为它已经成为一种文化符号，成为某种生活方式和价值观念的组成部分。

随着竞争日趋激励，品牌的作用越来越大。在这样一个日新月异、竞争全球化、产品同质化、分布式存储行业野蛮生长且百花齐放的时代，打价格战注定是死路一条，作为投资者，只斤斤计较于眼前利益而忽略平台运行的长久性和稳定性，未来多半会有潜在的风险，会让投资行为变得失去理智。

企业手中唯一的利器就是品牌。当行业越来越透明、竞争越来越激烈时，谁注重品牌建设，谁就能跳出价格混战的烂泥潭，掌握同业竞争的主动权。企业打造品牌是为了实现长远发展，注重细节就是注重品牌。品牌的建设是一个系统工程，分布式存储公司打造品牌是为实现长远发展而必须做好的基础工作，唯有从细节入手，以标准为主，不断塑造品牌和提升价值，才能打造行业内卓越品牌，占领存储变革的制高点，赢得先手、抢得先机，永远立于不败之地。

第五篇

存储—— 一场没有硝烟的战争

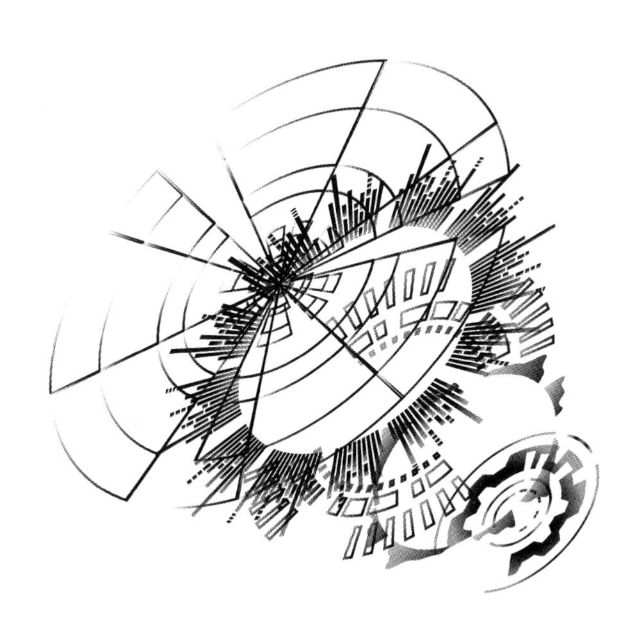

科技让世界变平，竞争边界被打破，数字化技术正在重构行业。数据存储、数据运用、数据价值……而这一切的前提是存储。

存储，一场没有硝烟的战争，已开始打响，悄无声息，却又威力巨大，分布式存储市场已成为这场战争的新战场，这个新战场将为人类带来一个全新的未来，而实现这个未来，就在当下的每一天。

信息纵横的时代，数据才是硬实力的体现，就像农耕时代里的粮食、战火时代里的弹药、机械时代里的柴油、产业时代里的电力。在新的信息时代下，掌握更多数据才是纵横世界的前提，保证绝对安全才是存储领域的核心，技术最先落地才是打赢战争的要害，改变惠及人类才是科技进步的愿景。

科技发展数据为王，未来世界数据是根，发展新兴产业最核心的战争也必将聚焦数据大战。未来世界是数字世界，数字产业是新兴产业，存储将是数据大战中至关重要的一环。

2020年4月，国务院宣布将数据列为第五大“生产要素”，与劳动力、技术、土地和资本并列为国家经济资源。

全球各地每天的数据呈指数级增长，海量数据的爆发给世界带来了巨大挑战。随着信息化社会的不断发展，分散在世界各地的用户每天都会产生大量的数据，每个人都是数据的生产者和拥有者，数据的存储需求也在呈指数级增加。

如此庞大的数据又将何去何从？如何处理这些数据？回答很简单，做好存和用。存得多、存得快、存得安全，用得好、用得广、用得超值。可见存储是数据链条中的重要环节，数据海量增长下，数据存储成为当下世界性的一个问题。保证数据的安全是存储的重中之重，未存储的数据就是被丢弃的数据，而在数据化时代的今天，丢弃数据就是丢弃价值和机会。企业的存亡、国家的兴衰、世界的发展都离不开这些存储的数据，因此说，数据存储就是生产力就是国家实力；数据安全就是利益安全就是国家安全；数据价值就是科技价值就是国家价值；数据加密就是核心秘密就是国家秘密。数据存储的重要性不亚于实体产业带来的经济效应、社会效应、价值效应和科技效应。

数据的存储介质为迎合数据量的增大不断发生改变，从硬盘到磁带，从光盘到芯片，新介质的出现不只是为了解决数据存储问题，也是企业、国家实力彰显的一种方式。数据安全新技术的出现不仅是一个组织技术能力的提升，也代表其率先抓住了行业发展的主动权。

在数字化技术新兴产业的萌芽期，谁率先研究出新技术，谁就在这个行业先人一步，这不仅存在于不同企业之间的优胜劣汰，更存在于不同国家在关键技术、高科技产业链制高点上的兴衰更替。因此，各国间竞相在影响未来发展的新兴产业上提早布局，作为新兴产业的分布式存储新技术也不例外，分布式存储市场成为了技术发展的新战场。

发达国家都非常注重数据存储的技术，在存储方面不断研究并将其充分利用，顺应时代发展要求。中国也不甘落后，主动下好先手棋，从跟跑到并跑再到领跑，彰显了中国实力、中国精神、中国担当、中国方案和中国速度。

中国是联合国统计的拥有最全工业门类的国家之一，中国智造也成为中国科技发展的新引擎。中国新技术的发展目前已经让世界老牌科技领先国家感受到了危机，无论是技术层面的弯道超车，还是技术迭代的速度，都让人意想不到、刮目相看。

新冠疫情的爆发加速了中国技术的推进，并稳健地提升了中国的国际影响力。有数据就有存储需求，随着数据量增加，未来数据存储需求也会水涨船高，并且数据存储作为多个新兴战略产业的基础设施，需求量会不断增多，只要下游任何一个产业还在规模性扩张，数据存储需求就不会萎缩。

从整体市场规模看，2020年宅经济催生的互联网海量数据的持续增长，进一步推动了存储产业的蓬勃发展。不仅如此，其他许多与人们日常生活紧密相连的行业，比如基因、能源、生物和医疗等，同样也会产生大量的数据。伴随人类社会的科技化和智能化，数据将影响每一个人、每一个公司、每一个国家。

NFT和元宇宙，特别是元宇宙将在传统互联网流量遇到天花板后开启人与空间连接的新赛道，可以预见其将催生更多的海量数据。这使得虚拟世界与现实世界的界限更加模糊，虚拟世界甚至可能具有现实世界无法实现的高度互联、永久保存、全景再现、高度沉浸等功能和体验，这在一定程度上改变了现实世界的时间和空间概念。在元宇宙中，用户既是消费者又是创意的生产者，促使创新进一步多元化。元宇宙将促使现实社会生态与虚拟社会生态高度耦合，以较低成本实现两个时空的融合。元宇宙不会以虚拟经济取代实体经济，相反其以实体经济为物质基础，并从虚拟维度赋予实体经济新的活力。当前，元宇宙的应用体现得最显著的领域之一是在线游戏，影音产品和虚拟空间是元宇宙应用的下一个方向。随着相关技术成本的降低和用户群的培养，该概念有可能在5～10年后迎来爆发期。业界将元宇宙视为新增长点和下一个具有战略意义的产业竞争领域。脸书是决定转型元宇宙最为坚决的企业。在2021年10月28日，脸书公司宣布将母公司正式更名为“Meta”，“Meta”是“Metaverse”的前缀，意为包涵万物、无所不联。这给分布式存储的IPFS带来了无限的想象空间，弱弱地问一句，IPFS邂逅元宇宙，将会擦出怎样的火花？让我们拭目以待吧！数据存储将成为掌握经济发展的命脉和未来制胜的关键，数据存储的变革已拉开序幕。

截至目前，随着存储数据的指数级增加，存储系统的容量和效率面临着很大的挑战，存储方式的变革和性能也需要得到更大的提高和优化。

存储变革因数据而生，存储变革为数据而战；存储变革面临国家、企业的竞争，存储变革也需新兴对传统的挑战。这些必将加速传统存储方式的技术更迭，中心化存储和分布式存储也一定会竞相上演你追我超、你大我强、你守我攻、你稳我变的竞争态势。弱者坐以待毙，强者主动出击。

5G的发展与云计算交织并进，5G时代网络速度的提升带来万物互联，而其背后大量的数据产出需要有云计算强大的计算和存储能力作支撑，云存储市场发展空间大，市场规模在未来几年仍将保持较快的增长速度。

寻找和分配存储的空间对企业和用户来说是非常紧迫的问题，对过去使用磁盘终端设备进行存储以及数据量庞大的大型企业来说，这是一个严峻的挑战。重要数据越多，存储设备的制造成本越大，时间过久设备老化，信息能否保留就成为严重的问题，因此，这种旧式的存储方式不值得被保留。

面对海量数据爆发，中心化存储不堪重负，各种突发状况频出，用户的隐私暴露、数据的莫名消失、黑客的肆意攻击，无论是天灾，还是人祸，这些难以解决的问题日益加重，中心化存储隐患成堆、问题多发，而应对方式却走进死胡同、束手无策。

2020年10月15日，期待已久的IPFS主网上线，分布式存储技术犹如黑夜中的一道亮光，照亮了存储行业发展的新方向，引发了存储方式的新变革。在分布式存储的细分赛道上，各种分布式存储概念项目风起云涌，先是Chia抢夺先声，但炒作的嫌疑和硬盘的硬伤，让整个项目变成了投机的游戏，失去了应用的价值，后是Swarm大有后来居上的势头，但Vitalik Buterin的一纸声明，揭穿了Swarm向世人撒下的弥天大谎。可以想象在分布式存储狭窄的赛道上，新项目将层出不穷，是明星还是流星、是神仙还是妖魔，我们拭目以待。

各国为抢占技术制高点，越来越注重新兴技术人才的培养，新兴技术专业课程在各国高校纷纷落地，技术人才的培养，在一定程度上打破了存储市场的垄断现象，有竞争才会有进步，有进步才会有新生，有新生才能谋求新发展。

新基建国家战略的出台，表明了中国对分布式存储技术的态度，大数据、物联网、区块链等新兴技术齐头并进，加速互联网进入新的发展阶段。

未来的高级化网络一定是基于高水准、高时速、高效率的“三高”网络。人们处在“后互联网”带来的变革中，享受着科技带来的便利，可以足不出户就享受到来自世界各地的信息服务。绿色健康的网络环境、不受限制的高速带宽、优质的大数据推荐，让生活更加便捷。

分布式存储项目对于大众来说是一个新鲜的事物。面对新鲜事物，不同的人有不同的看法，看法的背后是认知的差异，是怀疑还是相信，是好奇还是排斥，是接受还是拒绝，其实都不重要，换个角度看世界，找到认知的差别才最重要。

在存储市场里，各种对立面都是长久存在的，对立的事物如同是一场无声的认知战，提升认知才是赢得胜利的关键。随着全球生成和存储数据越来越多，以及明显呈现数据的生成速度远远快于现有存储技术的存储速度，全球对存储容量的需求将继续以稳定的速度增长，未来对于数据存储具有压倒性需求。

数据存储是互联网时代的刚需，肩负时代发展的重担，随着产业互联网的迅猛发展，存储技术的变革也将日新月异。数据存储的发展改革是建设技术强国的基础，拥有过硬的技术、掌握创新研究的主动权、保障网络安全就必须突破发展路上的各种难关。

在科技改变人类的今天，数据存储成为迫切需要解决的问题。具体地说，区块链分布式存储实质上就是利用数据资源建立基于区块链技术的新型数据中心和数据平台，通过分布式智能存储系统，实现真正意义上的大规模信息和数据存储，而分布式存储系统是数据交换的基础平台，实现了数据价值最大化。

越来越多的数字新兴产业项目顺应时代之需一一落地，标志着科技的创新活力无限。虽然相对传统行业而言，数字产业属于一个新兴行业，但是新行业拥有更加广袤的发展天地和不可多得的进入机会，新科技时代土壤更肥沃，不同于传统行业的阶层固化，数字新兴产业更像是一片还未开垦的处女地，一定会带来更大的惊喜，让人们有更多的机会去探索、去创造。

可以预见，未来的竞争一定是数字科技的竞争，数据科技能力是国家的未来，是综合国力的体现，在科技高速发展中，数据存储看似风平浪静，实则暗流涌动；台前一团和气，背后针锋相对；研讨异口同声，备战各出奇招。在剑拔弩张的国际科技战争中，数据存储像是科技攻坚的桥头堡，像是战争胜负的重兵器，像是镇国守家的核密码，像是改变人类的新钥匙。不论国家还是企业，都必须在思想上绷紧一根弦，统一新认识、达成高共识；都必须在行动上形成一盘棋，提出真方案、完善多预案；都必须在发展上拧成一股绳，鼓励大练兵、形成大竞争。

存储领域作为战场，汇聚的是科技创新的力量；存储方式作为变革，迎来的是底层深刻的颠覆；存储安全作为底线，引发的是行业快速的洗牌。

对于存储，既是老生常谈的旧话题，又是科技前沿的关键词；既有传统的深深烙印，又不失时代的熠熠标签。摆在当下的是用战争的思维去思考、用战争的逻辑去构建、用战争的要求去准备、用战争的高度去谋划。存储变革将是一场没有硝烟的残酷变革，其重要性举足轻重，因此要全力以赴；其影响力牵动全局，因此要胸有成竹；其波及面势不可挡，因此要沉着应对。这并非危言耸听，也不是故弄玄虚，是因为它真的就在眼前，就在身边，就在数字科技发展的每一天。